# EIN NEUES PRINZIP FÜR DAMPF- UND GASTURBINEN

VON

## PROF. KONRAD BAETZ

DIPL.-ING.

MIT 24 FIGUREN IM TEXT UND AUF EINER TAFEL

W0264268

SPRINGER-VERLAG BERLIN HEIDELBERG GMBH
1920

© Springer-Verlag Berlin Heidelberg 1920
Ursprünglich erschienen bei Otto Spamer, Leipzig 1920

ISBN 978-3-662-33629-8          ISBN 978-3-662-34027-1 (eBook)
DOI 10.1007/978-3-662-34027-1

Additional material to this book can be downloaded from http://extras.springer.com

# Vorwort.

Der Grundgedanke des in der vorliegenden Schrift erläuterten Verfahrens zur Umsetzung von Wärme in mechanische Arbeit ist, die Wirkungsweise der Kolbenmaschine und der Turbine in einer Maschine zu vereinigen.

Mit der Ausbildung dieser Maschine, mit den zugehörigen theoretischen Studien und mit einschlägigen praktischen Versuchen habe ich mich in meinen freien Stunden während einer fast 20 jährigen Berufstätigkeit beschäftigt.

Nachdem es mir aber unmöglich geworden ist, meine an der Deutschen Ingenieurschule für Chinesen in Schanghai begonnenen Versuche an einer Modellmaschine zu Ende zu führen, kann ich nur hoffen, daß durch die Veröffentlichung meiner Arbeit sich jemand finden wird, der Vertrauen genug dazu faßt, um weitere Versuche zu unternehmen. Selbst wenn die neue Maschine die von mir erhofften hohen Nutzeffekte nicht ergeben sollte, so wird ihre theoretische und praktische Ausbildung doch ungemein wichtige Resultate liefern, die für die weitere Entwicklung der Dampf- und Gasturbinen von enormer Bedeutung sein müssen. Insbesondere liegt für Berufene noch ein weites Feld für theoretische Studien brach, und zwar vor allem die vollständige Lösung der Differentialgleichung der bewegten Gassäule, deren Diskussion mir leider nicht ganz gelungen ist. Diese Untersuchungen liefern aber die Grundlagen für die Betrachtung von Schichtungen in der Dichte und im Druck von Gasen an bewegten Flächen und haben daher generelle Bedeutung.

Für mich ist es außer Zweifel, daß die neue Maschine als Dampfturbine günstige Wirkungsgrade liefern wird, daß sie dabei für große Leistungen außerordentlich kompendiös und nebenbei sehr einfach und billig sein wird. Ebenso werden die nach diesem Prinzip gebauten Gasturbinen, deren Grundform mir durch D. R. P. Nr. 280 083 geschützt worden ist, unerreicht hohe Nutzeffekte liefern, keine Ventile notwendig haben und keine unzulässig hohe Erwärmung aufweisen. Allerdings wird die Überwindung der konstruktiven Schwierigkeiten bis zur Erreichung dieses Zieles bedeutende Kosten für Versuche erfordern.

Ich habe versucht, den gesamten Stoff in einen mehr beschreibenden und einen rein theoretischen Teil zu zerlegen, welcher durch kleineren Druck abgesondert ist, damit auch mathematisch weniger geschulte Interessenten den Hauptinhalt ohne Mühe lesen können.

Fehler und Irrtümer werden in der Arbeit wohl noch genug vorhanden sein, auch über das erstrebte Ziel wird es Meinungsverschiedenheiten geben. Jedenfalls aber bin ich allen, welche Mängel aufdecken, ebenso zu Dank verpflichtet, wie dem Verlag, der es unternimmt, ein solch unvollkommenes Werk der technischen Welt zugängig zu machen.

Würzburg, Anfang April 1920.

**Konrad Baetz.**

# Inhalt.

# Inhalt.

# Übersicht über die verwendeten Bezeichnungen.

$\mathfrak{P}$ = Kraft in Vektoren. ⎫  
$\mathfrak{w}$ = Relativgeschwindigkeit. ⎪  
$\mathfrak{r}$ = Radius. ⎪  
$\mathfrak{s}$ = Absolutweg. ⎬ Vektoren.  
$\mathfrak{p}$ = Fahrzeugweg. ⎪  
$\mathfrak{a}$ = Tangentialweg. ⎭  

$A$ = Mechanisches Wärmeäquivalent.  
$A$, $B$ = Integrationskonstante.  
$E$ = Elastizitätsmodul.  
$F$ = Querschnittsfläche von Zylindern, Röhren und Kanälen normal zur Wand.  
$G$ = Gewichtsmenge, auch in kg/sek.  
$R$ = Gaskonstante oder Radius, Radialkomponente.  
$S$, $S_0$ = Spannung einer Feder; $S_1$, $S_3$ = Entropiewerte.  
$T$ = absolute Temperatur.  

$a$ = Konstante; $a_s$ = Schallgeschwindigkeit; $a_i$ = ideale Ausgleichgeschwindigkeit.  
$c$ = Konstante, ideale spez. Wärme.  
$c_p$ = spez. Wärme bei konstantem Druck.  
$c_v$ = spez. Wärme bei konstantem Volumen.  
$g$ = Fallbeschleunigung.  
$m$ = Masse eines Körpers, ebenso $m_1$, $m_3$.  
$m$ = Zahlenverhältnis.  
$n$ = Exponent der Polytrope, Drehzahl pro Minute.  
$p$ = Gas- oder Dampfdruck (kg/qcm).  
$r$ = Radius.  
$t$ = Zeit.  
$u$ = Umfangsgeschwindigkeit oder Translationsgeschwindigkeit.  
$v$ = Absolutgeschwindigkeit; $v_t$ = tangential; $v_r$ = radial.  
$x$ = Weglänge relativ.  
$z$ = Stufen- oder Zellenzahl.  

$\alpha$, $\alpha_1$, $\alpha_2$ = Neigungswinkel der Absolutgeschwindigkeit gegen den Radumfang.  
$\beta$, $\beta_1$, $\beta_2$ = Neigungswinkel der Relativgeschwindigkeit gegen den Radumfang.  
$\gamma$ = spez. Gewicht von Gas oder Dampf.  
$\varrho$ = spez. Masse von Gas oder Dampf oder Masse pro Längeneinheit.  
$\omega$ = Winkelgeschwindigkeit.  
$\omega'$, $\mu'$, $\omega$, $\mu$ = unbestimmte Konstante.  

$$k = \frac{c_p}{c_v}.$$

$\varphi$ = Drehwinkel.  
$\zeta$ = Stufenzahl.  
$\xi$ = Absolutweg.  
$\Theta$ = Trägheitsmoment.  
$\mathsf{T}$ = Zeitfunktion.  
$\mathsf{X}$ = Ortsfunktion.

---

# 1. Eine Vorrichtung, die eine merkwürdige Energieübertragung zuläßt.

Auf einer um eine horizontale Achse drehbaren Scheibe (siehe Fig. 1) sei ein als Teil eines Kreisringes gestaltetes Gefäß befestigt, das in Richtung der Drehung durch einen Boden geschlossen ist und dessen Längsachse $AB$ konachsial zur Drehachse gelagert sein möge. In demselben sei zwischen dem Boden $A$ und dem verschiebbaren Kolben $B$ ein Gasquantum eingeschlossen. Der Kolben kann von einer gebogenen Kolbenstange $BC$ mittels eines um die Drehachse $M$ frei beweglichen Hebels $H$ in den Zylinder bewegt werden. Soll nun, während die Scheibe mit einer konstanten Winkelgeschwindigkeit $\omega$ rotiert, das Gas im Zylinder komprimiert werden, so ist am Hebel ein Moment $R \cdot F \cdot p_x$ auszuüben, wobei $p_x$ den augenblicklichen Druck im Zylinder und $F$ den Kolbenquerschnitt bedeutet. Die Winkelgeschwindigkeit $\omega_1$ aber, mit welcher der Kolben zu bewegen ist, muß größer sein als die der Scheibe und die des mit ihr verbundenen Gefäßes. Hieraus folgt, daß die zur Kompression notwendige, von außen zuzuführende Energie teilweise auf die Scheibe übertragen wird, womit der Zwang entsteht, die Scheibe

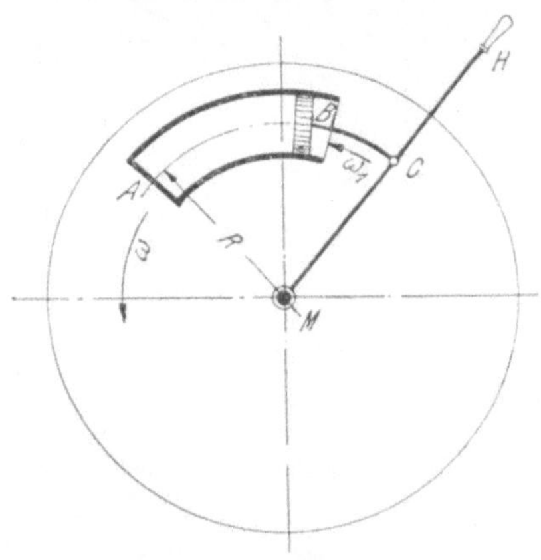

Fig. 1.

einen bestimmten veränderlichen Nutzwiderstand überwinden zu lassen. Auf die Scheibe wird übertragen

$$(1) \qquad F \cdot p_x \cdot R \cdot \omega ,$$

während aufzuwenden ist

$$F \cdot p_x \cdot R \cdot \omega_1 ,$$

so daß nur

$$(2) \qquad F \cdot p_x \cdot R (\omega_1 - \omega)$$

zur Kompression des Gases Verwendung findet. Dabei ist vorausgesetzt, daß die Verschiebung des Gases ohne Massenträgheit gerechnet werden darf, was nur bei kleineren Winkelgeschwindigkeiten der Fall ist. Ist umgekehrt das Gas im Zylinder schon auf einen hohen Druck komprimiert, während die Scheibe mit der Winkelgeschwindigkeit $\omega$ in der angenommenen Richtung weiter rotiert, und hält man nun den Hebel fest, oder, was dasselbe ist, läßt man ihn mit einer kleineren Winkelgeschwindigkeit $\omega_2$ sich bewegen, so expandiert das Gas, wobei wieder eine Leistung $F \cdot p_x \cdot \omega \cdot R$ auf die Scheibe übertragen wird, während die am Hebel nachzuliefernde Leistung nur $F \cdot R \cdot p_x \cdot \omega_2$ ist. Die Differenz

$$(3) \qquad\qquad F \cdot R \cdot p_x \cdot (\omega - \omega_2)$$

wird in diesem Fall durch die Expansion des Gases im Zylinder geliefert.

## 2. Wie man diese Vorrichtung in eine Kraftmaschine mit Doppelwirkung verwandelt.

Es liegt nun der Gedanke nahe, statt den Kolben von Hand in das Gefäß zu bewegen, die Kompression des Inhaltes im Zylinder durch zuströmendes Gas höheren Druckes und die Expansion bei gleichzeitiger Reaktionswirkung durch ausströmendes Gas zu erzielen. Dieser Gedanke wird realisierbar, wenn die Gefäßachse mit dem Radumfang, wie in Fig. 2, wenigstens einen kleinen Winkel $\beta$ bildet, während der Umfang für die Kompressionsperiode von Düsen beaufschlagt wird, die bei allmählich wachsendem Druck gas- oder dampfförmiges Treibmittel mit größerer Geschwindigkeit als die Umfangsgeschwindigkeit zuführen. Ist das rotierende Gefäß dann nach Zurücklegung eines bestimmten Bogens am Scheibenumfang genügend gefüllt, so tritt die gewünschte Entleerung von selbst

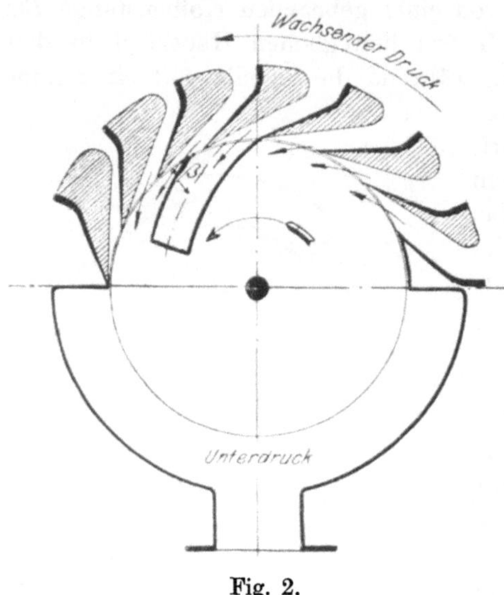


Fig. 2.

wieder ein, wenn der übrige Umfang bei geringerem Außendruck zurückgelegt wird. Die beiden Vorgänge der Füllung unter Kompression und der Entleerung unter Expansion können also während der Rotation der Radscheibe fortwährend ausgeführt werden.

Eine so eingerichtete Maschine stellt eine Vereinigung von Kolbendampfmaschine und Dampfturbine dar, weil die ein- und austretenden Dampfmassen für den übrigen Inhalt wie nahezu reibungslose Kolben wirken, während die mit großer Geschwindigkeit am Umfang ein- und austretenden Dampfmengen wie bei einer Dampfturbine eine Aktions- bzw. Reaktionswirkung auf die Zellenwände ausüben. Man könnte glauben, daß beide Wirkungen identisch seien, und daß also auch eine mit solchen einseitig geschlossenen Zellen arbeitende Maschine nicht mehr leisten würde als die vorhandenen Kolbenmaschinen oder Dampfturbinen. Diese Meinung wurde bei meinen früheren Veröffentlichungen über denselben Gegenstand häufig vertreten. Daher sehe ich mich genötigt, die Grundlagen des Verfahrens möglichst eingehend und stufenweise fortschreitend zu erläutern. Das Beispiel des rotierenden Kreisringgefäßes Fig. 1 hat jedenfalls gezeigt, daß, solange im Gefäß eine Druckzunahme oder -abnahme erfolgt, Energie auf die Radscheibe übertragen wird, die ihrer Art nach ebenso geliefert wird, wie in einer Kolbendampfmaschine. Da nun die Radzellen zum äußeren Umfang geneigt sein müssen, und die Absolutgeschwindigkeit des Mediums beim Eintritt größer sein muß als die bleibende Relativgeschwindigkeit, während umgekehrt beim Austritt die Relativgeschwindigkeit größer sein muß als die bleibende Absolutgeschwindigkeit, so findet auch eine Turbinenwirkung statt, die nichts mit der Kolbenwirkung zu tun hat, weil letztere in den tieferen Schichten der Zelle durch Umwandlung der relativen Strömungsgeschwindigkeit in Druck stattfindet. Wer von der Richtigkeit dieser Ausführungen nicht überzeugt ist, möge die weiteren Erläuterungen geduldig verfolgen.

Die Kolbendampfmaschine leistet Arbeit durch Volumvergrößerung des Dampfes, wobei die Fülleistung bei konstantem Druck, die Expansionsleistung bei abnehmendem Druck geliefert wird. Jedenfalls aber ist die Leistung der Kolbendampfmaschine gekennzeichnet durch das Produkt: Druck mal Volumänderung $L_k = \int p\, dv$. Die Dampfturbine verwertet die kinetische Energie von Dampfströmen, deren lebendige Kraft durch Druckverbrauch bei gleichzeitiger Volumänderung des Dampfes hervorgebracht wird, so daß für ihre Leistung das Produkt: Volumen mal Druckänderung $L_t = \int v\, dp$ maßgebend ist. In der rotierenden Radzelle findet nun gleichzeitig Volumänderung unter Druckwirkung und Druckänderung unter Massenbeschleunigung statt, so daß es möglich wird, das gesamte Arbeitsvermögen des Gases oder Dampfes in mechanische Energie zu verwandeln, wenn, wie später gezeigt, besondere Verhältnisse eingehalten werden.

## 3. Turbinenkanal und Sackgassenverfahren.

Die behauptete Doppelwirkung bringt nun nach Ansicht mancher Fachleute keinen besonderen Vorteil, sondern eher Nachteile. Vor allem wird gesagt, daß die Summe der Wirkungen nie größer sein kann, als die größte theoretische Nutzleistung einer Kolbendampfmaschine oder einer Dampfturbine. So lange die Grenzen des II. Hauptsatzes der Wärmetheorie auch für diese Umsetzung bestehen, ist diese Schlußfolgerung selbstverständlich. Die Frage ist also nach der Meinung mancher Kritiker nur, ob die fortwährende, teilweise rückwärts verlaufende Umsetzung von kinetischer Energie in Druck nicht größere Verluste ergibt, als die stetige Ablenkung des Flüssigkeitsstrahls im gewöhnlichen Turbinenkanal. Es wird auch behauptet, daß diese Frage durch das Fehlschlagen derartiger

Konstruktionen (z. B. Turbine von Lindmark) bereits zuungunsten derselben entschieden ist. Bei dem vorliegenden Verfahren handelt es sich aber um etwas mehr. Es soll in den Radzellen dauernd ein wirksamer Druckunterschied erzeugt werden, der genau so treibend auf die Zellenwände wirkt, wie der Druckunterschied vor und hinter dem Kolben in der Dampfmaschine. Diese Druckwirkung ist deswegen vorteilhafter, weil sie ohne wesentliche innere Reibung wirksam wird und eine direkte Wärmeumsetzung darstellt, während die Strömung in der Turbine nur eine Abgabe vorhandener kinetischer Energie an das Laufrad darstellt. Die Behauptung, daß bei der Stauung des in die „Sackgasse" eingeführten Treibmittels durch auftretende Wirbelungen größere Reibungsverluste auftreten müssen, als beim „glatten Durchgang" durch Turbinenkanäle wird sich bei näherem Zusehen nicht aufrechterhalten lassen. Man möge sich immer vor Augen halten, daß es sich bei Gas- und Dampfturbinen um elastische Treibmittel handelt, in welchen Druckschichtungen ohne wesentliche Energieverluste möglich sind, wie es vor allem die Schallbewegung deutlich erkennen läßt.

Außerdem ist darauf hinzuweisen, daß auch die Wirkungsweise der gewöhnlichen Turbine nur dadurch zu erklären ist, daß im Flüssigkeitsstrahl ein Druckunterschied zwischen der vorderen getriebenen und der hinteren geschleppten Schaufelwand besteht. Dieser Druckunterschied wird in Aktionsturbinen beim Eintritt durch den Stoß auf die vordere Schaufelwand hervorgebracht (siehe die Ausführungen Kapitel 15) und kann im Schaufelkanal durch die Zentrifugalwirkung der mit der Relativgeschwindigkeit durch den gekrümmten Kanal strömenden Flüssigkeit aufrechterhalten werden. Bei Gasen und Dämpfen ist aber mit einer Druckschichtung auch eine Schichtung der Dichte und der Temperatur verbunden. Sollte also in einem Schaufelkanal eine Strömung ohne große Wirbelbildung und ohne besondere innere Reibung erfolgen, so müßten die Druck- und Geschwindigkeitsverhältnisse mit der Krümmung des Kanals in ganz bestimmten Beziehungen stehen. Die Geschwindigkeit müßte außerdem an der getriebenen Schaufelwand größer sein als an der geschleppten und der Stoßdruck beim Eintritt müßte genau durch die Eintritts- und Wandwinkel auf die Krümmung und Weite des Kanals abgeglichen sein. Außerdem müßten die Verhältnisse in den Düsen oder Leitschaufeln schon ähnliche Schichtungen des Treibmittels zulassen, während die gerade umgekehrte Schichtung vorhanden ist. Da aber die Reibung zwischen der vorderen getriebenen Schaufelwand wegen der größeren Geschwindigkeit des anliegenden Flüssigkeitsfadens am größten ist, womit die zur Aufrechterhaltung des Druckes notwendige Geschwindigkeit rasch aufgezehrt wird, so folgt, daß der gesamte Vorgang im Kanal einer Aktionsturbine mit starker Wirbelbewegung verbunden sein muß.

Wird aber, wie in Reaktionsturbinen, ein größerer Teil des in der Flüssigkeit vorhandenen Druckes erst im Leitkanal in Geschwindigkeit umgesetzt, so muß eine Druckschichtung nach zwei Hauptrichtungen bestehen, die ebenfalls durch die Krümmung des Kanals verknüpft ist. Einmal muß eine Druckabnahme in Richtung der wachsenden Relativgeschwindigkeit erfolgen, und zweitens muß diese Schichtung in eine solche von der getriebenen zur geschleppten Wand übergehen. Nur der Schichtung in Richtung der Umlaufsrichtung der Turbine entspricht eine Nutzleistung, und man erkennt nicht nur die alte Regel für Reaktionsturbinen, den Strahl im ganzen möglichst nach rückwärts zu lenken, sondern auch die ungeheure Schwierigkeit, Regeln für die richtige Gestaltung der Turbinenkanäle zu finden. Sicher ist jedenfalls, daß von einer einwandfreien Führung der Flüssigkeitsstrahlen in Dampfturbinen mit Reaktionswirkung bislang überhaupt keine Rede sein kann. Man kann sich nur wundern, daß der Durchgang durch die Leitschaufeln nicht größere Verluste mit sich bringt, als es an sich der Fall ist. Jedenfalls sind enorme Wirbelungen und ungleichmäßige Dehnungen vorhanden, wie auch die Expansion zumeist mit dem Ende der Kanäle noch nicht vollendet sein wird.

In der Zellenturbine kommen große Relativgeschwindigkeiten nur beim Aus- und Eintritt in das Zellenrad vor. Die Einfüllung des Treibmittels in die Zellen und seine Entleerung erfolgt immer so, daß eine Druckschichtung in Richtung der Drehung des Laufrades besteht, die somit vollständig als nützlicher Arbeitsdruck verfügbar wird. Die Reibung an den bewegten Wandungen im Laufrad ist verschwindend klein und nur an den Schaufelspitzen vorhanden. Ferner besteht begründete Aussicht, daß die Größe der notwendigen Druckschichtung abhängig von der Dimensionierung der Zellen in berechenbaren Zusammenhang gebracht werden kann. Gelingt es aber, die Druckschichtung beim Eintritt in die Zellen und beim Austritt aus denselben in eine einfache Abhängigkeit von deren Abmessungen zu bringen, so sind innere Verluste ausgeschlossen, und dann muß ein solches Zellenrad das Maximum der Leistung ergeben. Die Arbeitsübertragung auf die Zellenwände erfolgt im idealen Fall genau wie in der Kolbendampfmaschine, wobei jedoch als Kolben die ein- und austretenden Gasmassen selbst wirken, deren Reibung an den Wandungen verschwindend klein ist gegenüber der nützlichen Triebkraft.

Meine persönliche Ansicht ist außerdem noch die, daß der Vorgang der stetigen Füllung und Entleerung umlaufender Radzellen ein thermodynamischer Prozeß ganz besonderer Art ist, dessen Theorie erst neu geschaffen werden muß.

## 4. Beschreibung einer Idealmaschine in einfachster Ausführung.

Ehe ich fortfahre, den Arbeitsvorgang in den Einzelheiten weiter theoretisch zu betrachten, will ich zunächst, um die Ausführungsmöglichkeit einer solchen Maschine darzutun, eine einfache Grundform im Schema erläutern. Die Maschine besteht (siehe Fig. 3 und 4) wie andere Turbinen auch, aus einem Laufrad $R$ und einem feststehenden Leitapparat $A\,4'\,3'\,2'\,1'\,B$. Das in der Skizze Fig. 4 im Schnitt senkrecht zur Drehachse gezeichnete

Laufrad $R$ enthält eine große Zahl nebeneinanderliegender Zellen, die bei der hier gewählten inneren Beaufschlagung des Laufrades am äußeren Umfang geschlossen sind. Die zur Zeichenebene parallelen Zellenwände, welche in Fig. 4 nicht zu erkennen sind, können auf der Innenseite, wie in dem Schnitt (Fig. 3) angedeutet, einfache Ebenen oder auch Kegelflächen sein, deren Spitzen dann auf der Drehachse liegen. In den freien Ringraum sind Schaufeln eingesetzt, welche die einzelnen Zellen voneinander trennen. Wie bei allen Turbinen müssen diese Schaufeln gegen den inneren Radumfang gleiche Neigungswinkel besitzen, deren Größe von der Drehzahl und den gewählten Dampfgeschwindigkeiten abhängt. Hier ist jedoch, wie sich später zeigen wird, auch die übrige Gestalt der

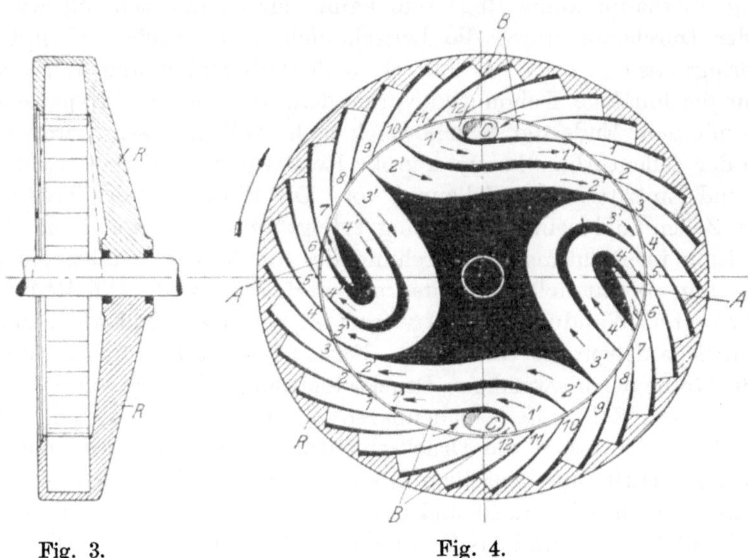

Fig. 3.                    Fig. 4.

Schaufeln bzw. der Zellen und besonders der Zellenabschluß in der Tiefe von Wichtigkeit. Das Treibmittel strömt durch zwei Düsen $A$, $A$ in das Rad ein, denen das Gas oder der Dampf durch seitlich liegende Rohre mit hohem Druck zugeführt werden mag. Die Füllung der Zellen erfolgt nun allmählich, indem sie in den Stellungen *1, 2, 3, 4, 5, 6, 7* vor Leitkanäle *1', 2', 3', 4'* treten, durch welche eine Vorfüllung stattfindet und dann erst vor die Düse $A$ kommen, wo die Füllung vollendet wird. Umgekehrt entleeren sich die Zellen in den weiteren Stellungen *8, 9, 10, 11, 12*, in die Leitkanäle *4', 3', 2', 1'*, bis sie schließlich vor den weiten Auspuffraum $B$, $B$ gelangen, der den Abdampf durch seitliche Öffnungen $C$, $C$ entläßt. In den Stellungen *8, 9, 10, 11, 12* tritt das Treibmittel, wie gesagt, in die Leitkanäle *4', 3', 2', 1'*, so daß der in diese austretende Dampf immer wieder in den Kreislauf zurückkehrt, was zur Folge hat, daß die Menge des durch die Düse zuströmenden Treibmittels kleiner ist, als wenn das Druckverhältnis zwischen Frischdampf und Abdampf maßgebend wäre. Die Leitkanäle sind so ausgeführt, daß das aus den Zellen strömende Treibmittel zuerst unter Geschwindigkeitsabnahme verdichtet und dann in der düsenartigen Erweiterung des zum Rad führenden Teiles wieder unter Druckverbrauch auf große Geschwindigkeit expandiert. In allen Zellen besteht nun eine Druckdifferenz zwischen der inneren Öffnung und dem äußeren Umfang, und zwar aus zwei Gründen. Erstens wird durch die Zentrifugalkraft des Treibmittels im laufenden Rad dasselbe am äußeren Umfang festgehalten, so daß hierdurch die Füllung der Zellen erleichtert und ihre Entleerung erschwert wird. Zweitens aber wird, und dies ist das entscheidende Moment des ganzen Arbeitsverfahrens, bei richtiger Ausführung die Relativgeschwindigkeit des Dampfes in jeder einzelnen Zelle, die an der inneren Öffnung beim Einströmen groß ist, in der Zelle während der Drehung des Rades in Druck verwandelt, und dieser Druck wirkt Arbeit leistend, weil wenigstens eine Komponente desselben in die Drehrichtung fällt. Die Maschine besitzt also eine Doppelwirkung, weil eine erste Arbeitsabgabe am Radumfang durch den ein- und austretenden Dampfstrom wie bei jeder Turbine erfolgt, und weil andererseits eine weitere Arbeitsabgabe durch reine Druckwirkung stattfindet, wie sie Turbinen mit durch Kanäle strömendem Treibmittel überhaupt nicht liefern können. Es muß noch bemerkt werden, daß auch beim Ausströmen aus den umlaufenden Radzellen eine treibend wirkende Druckschichtung in denselben stattfindet, indem der ausströmende Dampf zunächst eine Relativgeschwindigkeit unter Druckverbrauch annehmen muß, die dem Treibmittel den Ausfluß nach rückwärts überhaupt erst ermöglicht. Zweifler mögen diese Arbeitsweise sorgsam durchdenken und sich den Unterschied in der Wirkungsweise einer einseitig geschlossenen Radzelle und einem gewöhnlichen Turbinenkanal genau überlegen. Besonders wichtig ist es, sich vor allem klar zu machen, daß nur ein elastisch flüssiges Treibmittel, das Dichte- und Druckschichtungen zuläßt, in einer solchen Maschine Verwendung finden kann.

## 5. Der Vorgang, der mit elastisch flüssigem Treibmittel gefüllten und der sich entleerenden Zellen — ein Ausgleichvorgang.

Der Vorgang der Füllung der bewegten Radzelle mit Gas oder Dampf unter Kompression und der der Entleerung unter Expansion des verbleibenden Inhaltes ist ein Ausgleichvorgang kompliziertester Art, selbst wenn man zunächst von der Rotation und der Krümmung der Radzelle absieht.

Der der theoretischen Untersuchung zugängliche einfachere Fall ist der des Ausflusses von Gas aus einem in der Achsenrichtung geradlinig bewegten zylindrischen Gefäße von gegebener Länge. In Fig. 5 ist ein solches zylindrisches Gefäß von Kreisquerschnitt mit der konstanten Geschwindigkeit $u$, in geradliniger Bewegung nach links, gezeichnet. Äußere Einflüsse seien abgeschaltet, indem das Gefäß während der Bewegung von einer luftleeren konzentrischen Röhre umschlossen wird. Zwischen dem Boden des Gefäßes und der Öffnung rechts sei ein brennbares Gasgemisch von bekanntem Anfangszustand eingeschlossen. Die Öffnung rechts denke man sich zuerst von einer Membran verschlossen und diese, z. B. bei der Entzündung des Gefäßinhaltes durch Verbrennen, plötzlich beseitigt. Das eingeschlossene verbrannte Gemisch wird dann trotz der Bewegung des Gefäßes nach links, durch seinen Überdruck nach rechts herausgeschleudert, während auf den Boden des Gefäßes ein Antrieb und damit mechanische Leistung übertragen wird. Man könnte nun glauben, daß ein solcher Vorgang sich jeder rechnerischen Verfolgung entzieht, selbst wenn man von Reibungen und inneren Wirbelungen absieht. Später werde ich zeigen, daß dies nicht notwendig der Fall ist, wenn man nur annimmt, daß die Gassäule während der Veränderung zylindrische Gestalt behält. Denkt man sich die Bewegung des Gefäßes, wie oben gesagt, im Vakuum ausgeführt, so muß der Druck des aus dem Gefäß strömenden Gases mit dem Abstand von dem nach links sich bewegenden Boden des Gefäßes bis auf Null abnehmen, während er auch im Gefäß mit der Dauer der Ausströmung aus demselben geringer wird. Die Änderung des Druckes,

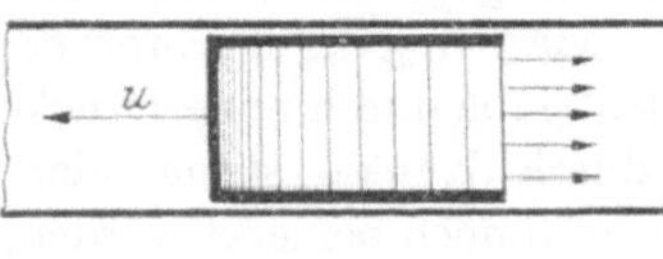

Fig. 5.

ebenso wie die der Dichte des Gases hängt also von zwei Veränderlichen $x$ und $t$ ab, wenn $x$ den genannten Abstand und $t$ die verstrichene Zeit bedeutet. Solche Vorgänge, bei welchen der Zustand in den einzelnen Schichten sowohl vom Ort wie von der Zeit abhängt, heißen Ausgleichvorgänge. Ausgleichvorgänge sind eigentlich die verbreitetsten in der Natur. Man geht denselben aber bei theoretischen Untersuchungen möglichst aus dem Wege, weil meist umfangreiche Rechnungen notwendig sind, die die Kenntnis der partiellen Differentialgleichungen voraussetzen. Man versucht gewöhnlich mit nur einer Variabeln auszukommen, was aber im vorliegenden Fall nur für Sonderlösungen möglich ist. Dem Elektroingenieur sind neuerdings die Ausgleichvorgänge in einfachen Leitungen oder in Kabeln geläufiger geworden, während der Maschineningenieur sich gelegentlich mit der Untersuchung der Wanderung der Wärme in den Wandungen der Dampfmaschine beschäftigt hat. Die obige Aufgabe führt nun auf ähnliche Betrachtungen, und zwar sind die Rechnungen jenen bei den Ausgleichvorgängen in elektrischen Leitern ausgeführten ganz besonders ähnlich, weil dort wie hier während des Ausgleichs eine Energieumsetzung stattfindet, die eine Dämpfung der am Ausgleich beteiligten Kräfte hervorbringt. Dort geht ein Teil der elektrischen Energie während der Schwingungsbewegung in Wärme über, hier übt die ausströmende Gasmasse auf den forteilenden Gefäßboden einen Antrieb aus, so daß ein Teil der Energie des Gases dem Ausgleich entnommen wird und somit für die Gasbewegung selbst verloren geht. Wie oben gesagt, läßt sich die Untersuchung eines solchen Ausgleichvorganges durchführen unter der

Annahme, daß die Gasmasse während des Ausgleiches zylindrische Gestalt behält. Diese Annahme mag manchem Leser zunächst zu willkürlich erscheinen. Man wird sich aber in diese später gerechtfertigte Betrachtungsweise zunächst einleben können, wenn man den Ausgleichvorgang an einer gespannten Schraubenfeder studiert.

Für die Untersuchung des Vorganges der Entspannung derselben muß man, wie sich zeigen wird, ähnliche Annahmen machen; trotzdem ist die Untersuchung leichter verständlich, weil man den Vorgang gewissermaßen greifbar vor Augen hat. Es sei also eine Spiralfeder mit gerader Achse von bekannter Länge in gespanntem Zustand auf einer Wand befestigt und diese mit konstanter Geschwindigkeit in Richtung der Achse der Feder nach links bewegt. Es werde dann eine, in der Fig. 6 durch umklappbare Haken $HH$ angedeutete, Hemmung gelöst, so daß sich die Spiralfeder, durch ihr inneres Arbeitsvermögen getrieben, nach rechts streckt. Auch in diesem Fall erfährt die Wand einen Antrieb nach links, während durch die Streckung der Feder nach rechts sowohl die kinetische wie die potentielle Energie der Feder eine Abnahme erfährt. Es liegt nun die Frage nahe, ob es durch passende Wahl der Geschwindigkeit im Verhältnis zur Masse und Elastizität der Feder ermöglicht werden kann, die ganze potentielle und kine-

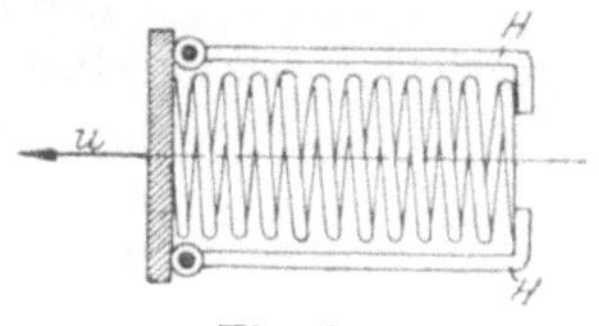

Fig. 6.

tische Energie auf die bewegte Wand zu übertragen, so daß sie schließlich auf ihre spannungslose Länge gestreckt, in bezug auf den festen Raum ruhig liegen bleibt. Ein einfacher Versuch zeigt hier schon, daß ganz besondere Verhältnisse gegeben sein müssen, wenn eine solche Wirkung erreicht werden soll, da die Feder gewöhnlich von der bewegten Wand nach rechts abgeschnellt wird, wobei sie zahllose Schwingungen ausführt, die schließlich durch Innen- und Luftreibung aufgezehrt werden. Von diesen inneren und äußeren Reibungskräften kann man in der Theorie zunächst abstrahieren. Man erkennt aber jedenfalls schon an dem einfachen Versuch, daß die auftretenden Schwingungen um so geringer ausfallen, je rascher die bewegte Wand vor dem Abschnellen der Feder bewegt war, je mehr Energie also beim Loslassen der Feder auf die Wand übertragen wird. Die theoretische Untersuchung dieses Ausgleichvorganges an der bewegten Feder führt nun auch, wie in Kapitel 7 gezeigt wird, auf partielle Differentialgleichungen.

## 6. Schwingungen einer Schraubenfeder, mit Berücksichtigung der auf die Längeneinheit in der Ruhelage gleichmäßig verteilten Maße.

Die gewöhnliche Betrachtungsweise der schwingenden Feder, mit der fast alle Einführungen in die Dynamik der Schwingungen beginnen, geht stets davon aus, die Masse der Feder selbst zu vernachlässigen und sie in der Masse eines angehängten Gewichtes zu vereinigen. Man hat dann getrennt die potentielle Energie der Feder und die kinetische der Masse, und kommt so auf die einfache harmonische Schwingung. Nimmt man an, daß durch Reibungskräfte ein Teil der kinetischen Energie in Wärme umgesetzt wird, und setzt man die Größe der bremsenden Kraft proportional der augenblicklichen Geschwindigkeit der bewegten Masse, so kommt man auf den bekannten Ansatz der vollständigen Differentialgleichung zweiter Ordnung und zur gedämpften Schwingung. Zum Vergleich mit den später zu betrachtenden Ausgleichvorgängen in zylindrischen Gassäulen sind aber diese einfachen Untersuchungen nicht brauchbar. Es ist vielmehr notwendig, die Masse der schwingenden Feder während der Bewegung und Dichteveränderung derselben zu berücksichtigen. Ein Weg hierzu bietet sich, wenn man die Zahl der Gänge der Schraubenfeder von vornherein so groß denkt, daß die Masse der Feder pro Längeneinheit einfach durch eine Größe $\varrho$ ausdrückbar wird, deren Wert mit der Verlängerung also ab- und bei einer Zusammendrückung mit dem wachsenden Druck selbst zunimmt. Die Spannung der Feder muß dann proportional mit den in der Achsenrichtung auftretenden Verschiebungen veränderlich sein. Verschiebt sich demnach ein Federquerschnitt $AA$ (s. Fig. 7), um $d\xi$ nach $A'A'$, während der Querschnitt $BB$ ruht, so äußert das Element nach der Verdichtung eine Spannung

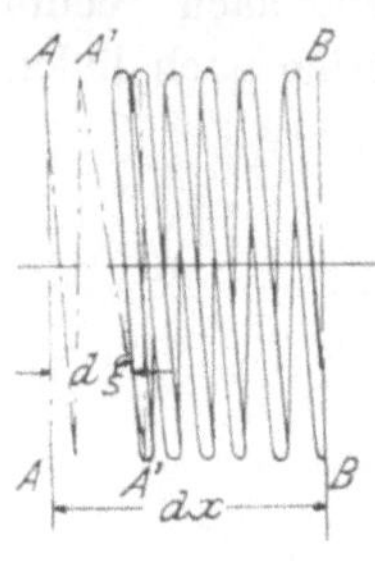

Fig. 7.

$$S = -E \frac{d\xi}{dx},$$

wenn $E$ den Elastizitätsmodul der Feder und $dx$ die Länge der Schicht derselben bedeutet. Bewegt sich während der Verdichtung jedoch auch der Querschnitt $BB$ und tritt während der Verschiebung von $BB$ um $d\xi$ eine Verschiebung von $AA$ um $d^2\xi$ ein, so verändert sich die Spannung des Längenelements $dx$ nach

$$(1) \qquad \frac{dS}{dx} = -E \frac{\partial^2 \xi}{\partial x^2},$$

womit auch

$$(2) \qquad dS = -E \frac{\partial^2 \xi}{\partial x^2} \cdot dx.$$

Hierbei ist $E$ zunächst von der Verschiebung und Verdichtung unabhängig angenommen. War die Federmasse bei gleichmäßiger Spannung der Feder für die Längeneinheit $\varrho$, so ist sie für das Längenelement $dx$ von der Größe $\varrho \cdot dx$. Wenn sich die Feder ausdehnt, oder wenn sie zusammengepreßt wird, ist $\varrho$, wie gesagt, veränderlich. Die Geschwindigkeit des Elementes bei der Verschiebung um $\partial\xi$ hat den Wert $\dfrac{\partial \xi}{\partial t}$, so daß also die Bewegungsgröße einer Schicht von der Länge $dx = \varrho \cdot dx \cdot \dfrac{\partial \xi}{\partial t}$ sein muß.

Der Antrieb durch die Dichtigkeitsänderung bei einem eintretenden Ausgleich ist also

$$(4) \qquad dP = \frac{\partial\left(\varrho \cdot dx \cdot \dfrac{\partial \xi}{dt}\right)}{\partial t} = \frac{\partial \varrho}{\partial t} \cdot dx \cdot \frac{\partial \xi}{\partial t} + \varrho \cdot dx \frac{\partial^2 \xi}{\partial t^2} \cdot$$

Diese Kraft ist, bei einer Beschleunigung nach rechts, rückwärts, also nach links gerichtet. Da nun aber diese Massenkraft gleich der wirksamen Spannung sein muß, wenn Reibungskräfte oder sonstige Energieumsetzungen ausgeschlossen sein sollen, so gilt der Ansatz:

$$(5) \qquad - E\frac{\partial^2 \xi}{\partial x^2} \cdot dx = -\varrho \cdot dx \cdot \frac{\partial^2 \xi}{\partial t^2} - \frac{\partial \varrho}{\partial t} \cdot \frac{\partial \xi}{\partial t} \cdot dx,$$

der in Worten bei positivem Vorzeigen aussagt, daß die Abnahme der Spannung gleich der Beschleunigung der Federmasse sein muß. Durch Reduktion folgt:

$$(6) \qquad E\frac{\partial^2 \xi}{\partial x^2} = \varrho\frac{\partial^2 \xi}{\partial t^2} + \frac{\partial \varrho}{\partial t} \cdot \frac{\partial \xi}{\partial t} \cdot$$

Der Elastizitätsmodul $E$ wird bei festen Körpern meist als eine unveränderliche Größe angenommen. Hier muß er seiner Definition nach, wenn man ihn nämlich als jene Kraft auffaßt, die man anwenden muß, um die Feder um ihre eigene Länge zu verlängern oder verkürzen, von der bereits vorhandenen Spannung und damit von der bereits vorhandenen Dichte abhängig sein. Setzt man $E = c \cdot \varrho$, wobei $c = \dfrac{E_0}{\varrho_0}$ gleich dem Verhältnis des Elastizitäts moduls bei spannungsloser Feder zur Masse der Längeneinheit in diesem Zustand ist, so läßt sich die Gleichung (6) wesentlich vereinfachen, wenn man sie durch $\varrho$ dividiert:

$$(7) \qquad c\frac{\partial^2 \xi}{\partial x^2} = \frac{\partial^2 \xi}{\partial t^2} + \frac{1}{\varrho} \cdot \frac{\partial \varrho}{\partial t} \cdot \frac{\partial \xi}{\partial t} \cdot$$

Nun ist an schwingenden Federn zu beobachten, daß die Verdichtungen wellenförmig fortschreiten, und zwar abhängig vom Weg und von der Zeit. Es liegt also nahe, von vornherein

$$(8) \qquad \varrho = \varrho_0 \cdot e^{\omega' t + \mu' x}$$

zu setzen, wobei $\omega'$ und $\mu'$ auch imaginär sein können, so daß also sinus- und cosinus-Schwingungen eingeschlossen sind. Dann folgt aber durch partielles Differentieren nach der Zeit

$$(9) \qquad \frac{\partial \varrho}{\partial t} = \omega' \varrho_0 \cdot e^{\omega' t + \mu' x} = \omega' \varrho$$

und somit $\dfrac{1}{\varrho} \cdot \dfrac{\partial \varrho}{\partial t} = \omega'$, und es resultiert die Gleichung

$$c\frac{\partial^2 \xi}{\partial x^2} = \frac{\partial^2 \xi}{\partial t^2} + \omega'\frac{\partial \xi}{\partial t}$$

oder

$$(10) \qquad \frac{\partial^2 \xi}{\partial x^2} = \frac{1}{c}\frac{\partial^2 \xi}{\partial t^2} + \frac{\omega'}{c}\frac{\partial \xi}{\partial t},$$

welche als die Heavisidesche Differentialgleichung der Ausgleichvorgänge in linear ausgedehnten Elektrizitätsleitern bekannt ist.

Die Spannung der Feder war durch die Beziehung $S = -E\frac{\partial \xi}{\partial x}$ ausgedrückt. Hätte man also für $E$ den Wert $E = c \cdot \varrho$ schon vor der Differentierung nach $x$ eingeführt, so wäre die Spannungsänderung durch

$$dS = \frac{\partial\left(-E\frac{\partial \xi}{\partial x}\right)}{\partial x} \cdot dx = \left(-c\cdot\varrho\frac{\partial^2 \xi}{\partial x^2} - c\frac{\partial \varrho}{\partial x}\cdot\frac{\partial \xi}{\partial x}\right)\cdot dx$$

ausdrückbar, und die Differentialgleichung des Energieausgleichs nimmt die Form an:

$$(11) \qquad c\cdot\varrho\frac{\partial^2 \xi}{\partial x^2} + c\cdot\frac{\partial \varrho}{\partial x}\cdot\frac{\partial \xi}{\partial x} = \varrho\frac{\partial^2 \xi}{\partial t^2} + \frac{\partial \varrho}{\partial t}\cdot\frac{\partial \xi}{\partial t}.$$

Setzt man wieder $\varrho = \varrho_0\cdot e^{\omega't + \mu'x}$, so wird durch partielles Differenzieren nach $x$, $\frac{\partial \varrho}{\partial x} = \mu'\cdot\varrho$, und setzt man, wie oben $\frac{\partial \varrho}{\partial t} = \omega'\cdot\varrho$, so folgt durch Abstreichen von $\varrho$ die Differentialgleichung in der Form:

$$(12) \qquad c\cdot\frac{\partial^2 \xi}{\partial x^2} + c\cdot\mu'\cdot\frac{\partial \xi}{\partial x} = \frac{\partial^2 \xi}{\partial t^2} + \omega'\frac{\partial \xi}{\partial t},$$

also eine Erweiterung der Heavisideschen Gleichung.

Die Analogie mit der Heavisideschen Differentialgleichung läßt nun vermuten, daß für die Spannungsänderung und für die Dichteänderung sich zwei gleiche Differentialgleichungen finden müssen. Setzt man zunächst

$$(13) \qquad S = -c\cdot\varrho\cdot\frac{\partial \xi}{\partial x},$$

so wird

$$\frac{\partial S}{\partial x} = -\left(c\cdot\frac{\partial \varrho}{\partial x}\cdot\frac{\partial \xi}{\partial x} + c\cdot\varrho\frac{\partial^2 \xi}{\partial x^2}\right)$$

und

$$\frac{\partial^2 S}{\partial x^2} = -\left(c\cdot\frac{\partial^2 \varrho}{\partial x^2}\cdot\frac{\partial \xi}{\partial x} + c\cdot\frac{\partial \varrho}{\partial x}\cdot\frac{\partial^2 \xi}{\partial x^2} + c\cdot\frac{\partial \varrho}{\partial x}\frac{\partial^2 \xi}{\partial x^2} + c\cdot\varrho\frac{\partial^3 \xi}{\partial x^3}\right)$$

$$= -\left(c\cdot\varrho\frac{\partial^3 \xi}{\partial x^3} + 2c\frac{\partial \varrho}{\partial x}\cdot\frac{\partial^2 \xi}{\partial x^2} + c\frac{\partial^2 \varrho}{\partial x^2}\cdot\frac{\partial \xi}{\partial x}\right);$$

ferner folgt durch Differenzieren nach der Zeit:

$$\frac{\partial S}{\partial t} = -\left(c\cdot\varrho\frac{\partial^2 \xi}{\partial x\cdot\partial t} + c\frac{\partial \varrho}{\partial t}\cdot\frac{\partial \xi}{\partial t}\right)$$

und

$$\frac{\partial^2 S}{\partial t^2} = -\left(c\cdot\varrho\frac{\partial^3 \xi}{\partial x\cdot\partial t^2} + 2c\frac{\partial \varrho}{\partial x}\cdot\frac{\partial^2 \xi}{\partial x\cdot\partial t} + c\frac{\partial^2 \varrho}{\partial t^2}\cdot\frac{\partial \xi}{\partial x}\right),$$

während Gleichung (11), nochmals nach $x$ differenziert, liefert:

$$c\cdot\varrho\frac{\partial^3 \xi}{\partial x^3} + 2c\frac{\partial \varrho}{\partial x}\cdot\frac{\partial^2 \xi}{\partial x^2} + c\frac{\partial^2 \varrho}{\partial x^2}\cdot\frac{\partial \xi}{\partial x} = \varrho\frac{\partial^3 \xi}{\partial t^2\cdot\partial x} + 2\frac{\partial \varrho}{\partial x}\cdot\frac{\partial^2 \xi}{\partial x\cdot\partial t} + \frac{\partial^2 \varrho}{\partial t^2}\cdot\frac{\partial \xi}{\partial x}.$$

Setzt man also die Werte von $\dfrac{\partial^2 S}{\partial x^2}$ und $\dfrac{\partial^2 S}{\partial t^2}$ ein, so resultiert die bekannte Differential-gleichung

$$(14) \qquad \frac{\partial^2 S}{\partial x^2} = \frac{1}{c}\,\frac{\partial^2 S}{\partial t^2}\,.$$

Ferner folgt mit $\dfrac{\partial \varrho}{\partial x}\cdot dx = \varrho\,\dfrac{\partial \xi}{\partial x}$ und $\dfrac{\partial \varrho}{\partial t}\cdot dx = \varrho\cdot\dfrac{\partial \xi}{\partial t}$, oder

$$\frac{\partial \xi}{\partial x} = \frac{1}{\varrho}\cdot\frac{\partial \varrho}{\partial x}\cdot dx \text{ bezw. } \frac{\partial \xi}{\partial t} = \frac{1}{\varrho}\cdot\frac{\partial \varrho}{\partial t}\cdot dx\,,$$

woraus durch partielles Differenzieren nach $x$ bzw. nach der Zeit $t$ folgt:

$$\frac{\partial^2 \xi}{\partial x^2} = \left[\frac{1}{\varrho}\,\frac{\partial^2 \varrho}{\partial x^2} - \frac{1}{\varrho^2}\cdot\left(\frac{\partial \varrho}{\partial x}\right)^2\right]\cdot dx \quad \text{und} \quad \frac{\partial^2 \xi}{\partial t^2} = \left[\frac{1}{\varrho}\,\frac{\partial^2 \varrho}{\partial t^2} - \frac{1}{\varrho^2}\cdot\left(\frac{\partial \varrho}{\partial t}\right)^2\right] dx\,.$$

Durch Einsetzen in die Gleichung (12) folgt dann

$$(15) \qquad \frac{c}{\varrho}\,\frac{\partial^2 \varrho}{\partial x^2} - \frac{c}{\varrho^2}\cdot\left(\frac{\partial \varrho}{\partial x}\right)^2 + c\cdot\frac{\mu'}{\varrho}\cdot\frac{\partial \varrho}{\partial x} = \frac{1}{\varrho}\,\frac{\partial^2 \varrho}{\partial t^2} - \frac{1}{\varrho^2}\cdot\left(\frac{\partial \varrho}{\partial t}\right)^2 + \frac{\omega'}{\varrho}\cdot\frac{\partial \varrho}{\partial t}\,.$$

Wenn nun $c\left(\dfrac{\partial \varrho}{\partial x}\right)^2 - \left(\dfrac{\partial \varrho}{\partial t}\right)^2 = 0$ gesetzt werden darf, was voraussetzt, daß $\dfrac{\partial x}{\partial t} = \sqrt{c}$, so resultiert die der Gleichung (12) entsprechende Beziehung

$$(16) \qquad c\,\frac{\partial^2 \varrho}{\partial x^2} + c\cdot\mu'\frac{\partial \varrho}{\partial x} = \frac{\partial^2 \varrho}{\partial t^2} + \omega'\frac{\partial \varrho}{\partial t}\,.$$

Der Ansatz $\dfrac{\partial x}{\partial t} = \sqrt{c}$ besagt, daß die Relativgeschwindigkeit gleich der der Feder eigentümlichen Fortpflanzungsgeschwindigkeit von Dichte- oder Druckstörungen ist.

Die drei Gleichungen

$$(12) \qquad \text{I.}\quad c\,\frac{\partial^2 \xi}{\partial x^2} + c\mu'\frac{\partial \xi}{\partial x} = \frac{\partial^2 \xi}{\partial t^2} + \omega'\frac{\partial \xi}{\partial t}\,,$$

$$(16) \qquad \text{II.}\quad c\,\frac{\partial^2 \varrho}{\partial x^2} + c\mu'\frac{\partial \varrho}{\partial x} = \frac{\partial^2 \varrho}{\partial t^2} + \omega'\frac{\partial \varrho}{\partial t}\,,$$

$$(14) \qquad \text{III.}\quad c\,\frac{\partial^2 S}{\partial x^2} = \frac{\partial^2 S}{\partial t^2}$$

lassen sich nun durch die bekannte Substitution der unabhängigen Variabeln durch ein Produkt $\mathsf{X}\cdot\mathsf{T}$ lösen, wobei $\mathsf{X}$ eine reine Funktion des Ortes und $\mathsf{T}$ eine reine Funktion der Zeit bedeutet.

Man findet z. B. mit

$$(17) \qquad \xi = \mathsf{X}\cdot\mathsf{T}\,,$$

$$c\mathsf{T}\,\frac{d^2\mathsf{X}}{dx^2} + c\cdot\mu'\mathsf{T}\,\frac{d\mathsf{X}}{dx} = \mathsf{X}\cdot\frac{d^2\mathsf{T}}{dt^2} + \omega'\cdot\mathsf{X}\cdot\frac{d\mathsf{T}}{dt}$$

oder

$$\frac{c}{\mathsf{X}}\,\frac{d^2\mathsf{X}}{dx^2} + \frac{c\cdot\mu'}{\mathsf{X}}\,\frac{d\mathsf{X}}{dx} = \frac{1}{\mathsf{T}}\cdot\frac{d^2\mathsf{T}}{dt^2} + \frac{\omega'}{\mathsf{T}}\cdot\frac{d\mathsf{T}}{dt}\,.$$

Beide Seiten gleich $-a^2$ gesetzt, ergeben die beiden Gleichungen zweiter Ordnung:

$$(18) \qquad c\,\frac{d^2\mathsf{X}}{dx^2} + c\cdot\mu'\cdot\frac{d\mathsf{X}}{dx} + a^2\mathsf{X} = 0$$

und

$$(19) \qquad \frac{d^2\mathsf{T}}{dt^2} + \omega'\frac{d\mathsf{T}}{dt} + a^2\mathsf{T} = 0\,,$$

so daß die Lösung für die Verschiebung $\xi$, abgesehen von den Integrationskonstanten, sich in der Form darstellt:

$$(20) \qquad \xi = e^{\left(-\frac{\mu'}{2} \pm \sqrt{\frac{\mu'^2}{4} - \frac{a^2}{c}}\right) \cdot x + \left(-\frac{\omega'}{2} \pm \sqrt{\frac{\omega'^2}{4} - a^2}\right) \cdot t}.$$

Genau die gleiche Gestalt müssen also auch die Lösungen der Gleichungen (II) und (III) besitzen. Da nun bei Gleichung II der Annahme $\varrho = \varrho_0 \cdot e^{\omega' t + \mu' x}$ entsprochen werden soll, so muß

$$-\frac{\mu'}{2} \pm \sqrt{\frac{\mu'^2}{4} - \frac{a^2}{c}} = \mu' \quad \text{und} \quad -\frac{\omega'}{2} \pm \sqrt{\frac{\omega'^2}{4} - a^2} = \omega'$$

sein, woraus folgt

$$\frac{\mu'^2}{4} - \frac{a^2}{c} = \frac{9}{4} \mu'^2 \quad \text{oder} \quad 2\mu'^2 = -\frac{a^2}{c} \quad \text{oder} \quad \mu' = \sqrt{-\frac{a^2}{2c}}$$

und ebenso

$$\omega' = \sqrt{-\frac{a^2}{2}}.$$

Die Form $S = S_0 \cdot e^{\omega' t + \mu' x}$ genügt auch der Gleichung (III), und man sieht schon aus der Differentialgleichung selbst, daß sie der Gleichung der schwingenden Saite entspricht. Eine Schraubenfeder von gegebener Länge vermag also genau wie eine Saite oder ein schwingender Stab, alle Arten von Schwingungen auszuführen, wobei Ober- und Grundschwingungen sich beliebig übereinanderlagern können. Man kann auch eine bestimmte Spannungsverteilung abhängig von der achsialen Länge als Anfangsbedingung vorschreiben und deren Veränderung dann durch Fouriersche Reihen verfolgen. Die Konstante $a$ hat bei diesen Untersuchungen immer einen reellen Wert, und es müssen genau wie bei einer Saite die Enden der Feder in Ruhe gehalten werden, damit nur Sinusfunktionen erscheinen. Es ist dann die partikuläre Lösung in der Form gegeben

$$S = S_a \cdot \sin \mu x,$$

in welcher $X = \sin\left(\frac{a \cdot x}{\sqrt{2c}}\right)$ verschwinden muß, wenn $x = l$ die festgehaltene Länge der Feder bedeutet. Es ist dann wie bei der Saite

$$\frac{a \cdot l}{\sqrt{2c}} = n\pi \quad \text{oder} \quad a \cdot l = n\pi \cdot \sqrt{2c},$$

wobei $n$ eine beliebige ganze Zahl bedeutet. Die Feder kann also, wie gesagt, genau wie eine Saite alle Schwingungen ausführen, welche sich durch die Schwingungszahl

$$z = \frac{\sqrt{2c} \cdot n}{2l}$$

ausdrücken lassen.

## 7. Von Ausgleichvorgängen verschiedener Art, welche bei der mit Masse behafteten Schraubenfeder auftreten können.

Man denke sich eine Schraubenfeder von sehr großer Länge, deren Anfang bei $AA$ (siehe Fig. 8) liegen möge, nach rechts geradlinig ausgestreckt, und zwar anfangs im spannungslosen Zustand. Gegen das linke Ende der Feder werde dann eine Wand mit großer Geschwindigkeit nach rechts bewegt. Dann muß notwendig, wie in Fig. 9 und 9a angedeutet, an dieser Wand eine fortwährend zunehmende Verdichtung der Federmasse erfolgen, während die Wand einen ebenso anwachsenden Gegendruck überwinden muß. Hierbei ist vorausgesetzt, daß die Geschwindigkeit der bewegten Wand größer ist als die Fortpflanzungsgeschwindigkeit einer Spannungsstörung in der Feder. Innerhalb der Feder wird dann die

Verdichtung von der Wand in Richtung der Feder ebenso fortschreiten, und die Verdichtung an der Wand wird um so rascher wachsen, je größer die Geschwindigkeit der Wand gegenüber der Fortschreitungsgeschwindigkeit der eigenen elastischen Entspannung der Feder selbst ist. Der Widerstand, welchen die Feder der Bewegung der Wand entgegensetzt, kann theoretisch bis ins Unendliche wachsen, wenn man sich die Feder unendlich lang vorstellt. Man wird den Förderungen dieser Aufgabe gerecht,

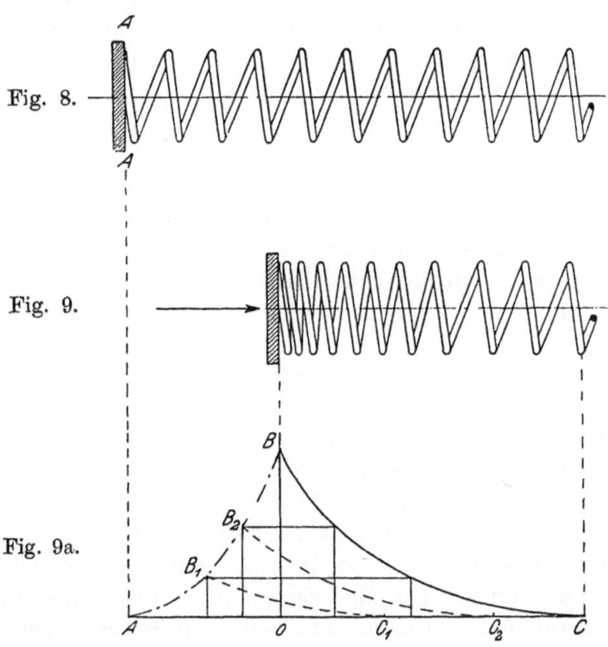


wenn man die Lösung der Differentialgleichung (12), Kapitel 6, in die Form bringt:

$$\xi = (A + Bx) \cdot e^{\pm\sqrt{\frac{a^2}{2c}} \cdot x} \cdot (C + Dt) \cdot e^{\pm\sqrt{\frac{a^2}{2}} \cdot t}.$$

Es lassen sich dann mit den hyperbolischen Sinus- und Cosinus-Funktionen alle denkbaren Fälle der fortschreitenden Verdichtung verfolgen. Nimmt man umgekehrt an, daß eine sehr lange Feder mit großer Geschwindigkeit sich gegen eine feste Wand bewegt, so tritt an der Wand genau wie gerade beschrieben eine fortwährende Verdichtung ein. Diese muß demselben Gesetz genügen, weil der Vorgang, absolut genommen, der gleiche ist. Selbst wenn sich die Wand von vornherein mit einer großen Geschwindigkeit nach links bewegt, während sie von der nacheilenden Feder, die sich mit noch größerer Geschwindigkeit in der gleichen Richtung bewegen soll, erreicht wird, liegt die gleiche Aufgabe vor, wobei nur zu beachten ist, daß dann auf die bewegte Wand eine fortwährend zunehmende Arbeitsleistung übertragen wird. Dieser letzte Vorgang hat

eine Analogie bei der Füllung der Radzellen der in den Grundzügen gekennzeichneten Maschine.

Sind nun beide Enden der Feder zugängig und befindet sich die Feder
anfangs im gleichmäßig gespannten oder ungespannten Zustand bei gegebener Anfangslänge der Feder und bewegen sich Anfang und Ende derselben mit gesetzmäßig gegebenen Geschwindigkeiten, so handelt es sich
um Ausgleichvorgänge allgemeinster Art. Es muß dann $a^2$ für die allgemeine
Lösung komplex sein, wie vorauszusehen ist, d. h. die Lösungen der drei
Differentialgleichungen auf Seite 13 lassen sich durch Summen von zyklischen
und hyperbolischen Sinus- und Cosinus-Funktionen des Ortes $x$ und der
Zeit $t$ darstellen. Hierin sind die speziellen Aufgaben vollkommen analog
den Lösungen der Heavisideschen Gleichung zu behandeln. Dabei ist
klar, daß sowohl ein Einwandern von kinetischer Energie in die bewegte
Feder, wie ein Abfließen aus derselben stattfinden kann, welche dort als
potentielle und als Schwingungsenergie aufgespeichert, bzw. umgekehrt
von diesen Beträgen entnommen werden kann. Bestimmt wird der resultierende Vorgang im wesentlichen nur durch die Geschwindigkeiten,
mit der sich Anfang und Ende der Feder bewegen. Bewegen sich Anfang und Ende aber mit verschiedenen Geschwindigkciten von konstanter
Größe, so liegt der Fall wiederum ähnlich wie bei der Entleerung der
Zellen der gekennzeichneten Maschine. Ohne auf die Einzelheiten der
Untersuchungen einzugehen,. läßt sich ein Fall des Ausgleichs durch bloße
Überlegung wegen seiner außerordentlichen Einfachheit besonders ausscheiden. Ruht nämlich die gespannte Feder, wie in Fig. 6 gezeichnet,
auf einer bewegten Wand, welche mit der Feder nach links mit gegebener
Geschwindigkeit fortschreitet, so tritt eine vollkommene Übertragung
der potentiellen und kinetischen Energie auf die bewegte Wand ein, wenn
diese sich von vornherein mit einer der elastischen Streckungsgeschwindig-
keit der Feder gleichen Geschwindigkeit bewegt. Wenn also das rechte
Ende der Feder entsprechend der wirkenden elastischen Kraft gerade immer
um soviel beschleunigt wird, wie die Feder im ganzen fortschreitet, so
bleibt dasselbe, absolut genommen, dauernd in Ruhe, und, nachdem sich
die Feder vollständig entspannt hat, bleibt sie im gestreckten Zustand
ruhig liegen, indem sich nun auch ihr Anfang von der bewegten Wand
ablöst. Wie später gezeigt werden wird, ist der gleiche Fall bei einer sich
dehnenden Gassäule vorhanden, wenn sich diese mit einer der Schallgeschwindigkeit nahekommenden Geschwindigkeit schon vor Beginn
des Ausgleichs bewegt.

## 8. Ausgleichvorgang einer sich entspannenden Feder, deren Anfang mit konstanter Geschwindigkeit bewegt wird, während ihr Ende entsprechend der Beschleunigung der eigenen Masse fortschreitet.

Aus der allgemeinen Lösung, die sich, wie gesagt, als unendliche Summe von
zyklischen und hyperbolischen Sinus- und Kosinusfunktionen darstellt, ist es sehr
schwer, die für einen besonderen Fall passende Lösung herauszugreifen.

Der Fall der mit dem Anfang sich mit konstanter Geschwindigkeit bewegenden Feder läßt sich jedoch der Lösung näher bringen, wenn man die Gesamtbewegung der Feder als die Differenz einer Absolut- und einer Relativbewegung betrachtet. Denkt man sich nämlich die bewegte Feder in einem rohrförmigen Gehäuse gelagert, dessen Boden also die die Spannung aufnehmende, nach links fortschreitende Wand darstellt, so muß die von jeder Schicht $dx$ auf die Wand übertragene Spannung, welche die Größe $-\dfrac{\partial S}{\partial x}\cdot dx$ besitzt, gleich dem Antrieb sein, den die Bewegungsgröße zur Beschleunigung eines Massenelementes notwendig hat. Es gilt also für die Relativbewegung

$$(1)\qquad -\frac{\partial S}{\partial x}\cdot dx = \frac{\partial\left(\varrho\,dx\cdot\dfrac{\partial x}{\partial t}\right)}{\partial t}\,,$$

woraus auch mit

$$(2)\qquad -\frac{\partial S}{\partial x} = \varrho\,\frac{\partial^2\xi}{\partial x^2} + c\,\frac{\partial\varrho}{\partial x}\cdot\frac{\partial\xi}{\partial x}$$

$$\varrho\,\frac{\partial^2\xi}{\partial x^2} + c\,\frac{\partial\varrho}{\partial x}\cdot\frac{\partial\xi}{\partial x} = \frac{\partial\varrho}{\partial t}\cdot\frac{\partial x}{\partial t} + \varrho\,\frac{\partial^2 x}{\partial t^2}$$

sich ergibt. Da nun für die Geschwindigkeiten die Beziehung besteht:

$$(3)\qquad u - \frac{\partial\xi}{\partial t} = \frac{\partial x}{\partial t}\,,$$

wenn $u$ die konstante Absolutgeschwindigkeit des Federgehäuses nach links, $\dfrac{\partial x}{\partial t}$ die Relativgeschwindigkeit im Gehäuse und $\dfrac{\partial\xi}{\partial t}$ die Absolutgeschwindigkeit der Dehnung nach rechts bedeutet. Durch Differenzieren von (3) folgt auch

$$-\frac{\partial^2\xi}{\partial t^2} = \frac{\partial^2 x}{\partial t^2}\,,$$

so daß sich für die Relativbewegung die Differentialgleichung

$$(4)\qquad c\varrho\,\frac{\partial^2\xi}{\partial x^2} + c\,\frac{\partial\varrho}{\partial x}\cdot\frac{\partial\xi}{\partial x} = -\varrho\,\frac{\partial^2\xi}{\partial t^2} + \frac{\partial\varrho}{\partial t}\left(u - \frac{\partial\xi}{\partial t}\right)$$

ergibt, woraus schließlich mit $\dfrac{\partial\varrho}{\partial x} = \mu'\cdot\varrho$ und $\dfrac{\partial\varrho}{\partial t} = \omega'\cdot\varrho$ bei gleichzeitigem Abstreichen von $\varrho$ die Differentialgleichung

$$(5)\qquad c\,\frac{\partial^2\xi}{\partial x^2} + c\cdot\mu'\frac{\partial\xi}{\partial x} = -\frac{\partial^2\xi}{\partial t^2} - \omega'\cdot\frac{\partial\xi}{\partial t} + u\cdot\omega'$$

resultiert.

Für die Absolutbewegung ist zu beachten, daß während des Fortschreitens nach links und der Streckung der Feder nach rechts eine Energieübertragung auf den Gehäuseboden erfolgt. Bewegt sich eine Schicht der Feder mit der Absolutgeschwindigkeit nach rechts, so ist die wirksame Spannung der Schicht um $\dfrac{\partial S}{\partial x}\cdot dx$ größer als die der Nachbarschichten, so daß bei der Dehnung der Schicht ein Effekt $\dfrac{\partial S}{\partial x}\cdot dx\cdot\dfrac{\partial\xi}{\partial t}$ geliefert wird. Gleichzeitig wird aber wegen der Druckdifferenz $\dfrac{\partial S}{\partial x}\,dx$, welche sich durch die übrigen Schichten nach links fortpflanzt, ein Effekt auf das Gehäuse übertragen, der sich aus dem Produkt dieser Druckdifferenz und der Absolutgeschwindigkeit des Gehäuses zu $\dfrac{\partial S}{\partial x}\cdot dx\cdot u$ ergibt. Außerdem erfordert die Massenbeschleunigung der Schicht einen Effekt

$$\frac{\partial\left(\varrho\, dx \cdot \dfrac{\partial \xi}{\partial t}\right)}{\partial t} \cdot \frac{\partial \xi}{\partial t}.$$

Die Druckwirkung auf das bewegte Gehäuse ist entgegengesetzt gerichtet, wie die beschleunigend wirkende Kraft der Federspannung, so daß nach dem Energieprinzip sein muß:

$$(6)\qquad \frac{\partial S}{\partial x} \cdot dx \cdot \frac{\partial \xi}{\partial t} = \frac{\partial S}{\partial x} \cdot dx \cdot \mu + \left(\varrho\,\frac{\partial^2 \xi}{\partial t^2} + \frac{\partial \varrho}{\partial t} \cdot \frac{\partial \xi}{\partial t}\right) \cdot dx \cdot \frac{\partial \xi}{\partial t},$$

woraus mit

$$-\frac{\partial S}{\partial x} = c \cdot \varrho\,\frac{\partial^2 \xi}{\partial x^2} + c \cdot \frac{\partial \varrho}{\partial x} \cdot \frac{\partial \xi}{\partial x}$$

und durch Umsetzung

$$(7)\qquad \left(c\varrho\,\frac{\partial^2 \xi}{\partial x^2} + c\,\frac{\partial \varrho}{\partial x} \cdot \frac{\partial \xi}{\partial x}\right)\left(u + \frac{\partial \xi}{\partial t}\right) = \left(\varrho\,\frac{\partial^2 \xi}{\partial t^2} + \frac{\partial \varrho}{\partial t} \cdot \frac{\partial \xi}{\partial t}\right) \cdot \frac{\partial \xi}{\partial t}.$$

Dividiert man zunächst durch $\dfrac{\partial \xi}{\partial t}$ rechts und links, setzt für $\dfrac{\partial \varrho}{\partial x} = \mu' \cdot x$ und für $\dfrac{\partial \varrho}{\partial t} = \omega' \cdot \varrho$ und dividiert schließlich noch durch $\varrho$, so folgt:

$$(8)\qquad \left(c\,\frac{\partial^2 \xi}{\partial x^2} + c\mu'\,\frac{\partial \xi}{\partial x}\right)\left(\frac{u}{\dfrac{\partial \xi}{\partial t}} + 1\right) = -\left(\frac{\partial^2 \xi}{\partial t^2} + \omega'\,\frac{\partial \xi}{\partial t}\right).$$

Subtrahiert man nun die für die Relativbewegung geltende Gleichung (5) von (8), so ergibt sich:

$$(9)\qquad \left(c\,\frac{\partial^2 \xi}{\partial x^2} + c \cdot \mu'\,\frac{\partial \xi}{\partial x}\right)\frac{u}{\dfrac{\partial \xi}{\partial t}} = -u \cdot \omega'$$

oder durch Umsetzen mit Abstreichen von $u$:

$$(10)\qquad c\,\frac{\partial^2 \xi}{\partial x^2} + c \cdot \mu' \cdot \frac{\partial \xi}{\partial t} + \omega'\,\frac{\partial \xi}{\partial t} = 0.$$

Benutzt man wieder die Beziehungen

$$S = -c \cdot \varrho\,\frac{\partial \xi}{\partial x}; \qquad \frac{\partial S}{\partial x} = -\left(c\,\frac{\partial \varrho}{\partial x} \cdot \frac{\partial \xi}{\partial x} + c \cdot \varrho\,\frac{\partial^2 \xi}{\partial x^2}\right),$$

$$\frac{\partial^2 S}{\partial x^2} = -\left(c \cdot \varrho\,\frac{\partial^3 \xi}{\partial x^3} + 2c\,\frac{\partial \varrho}{\partial x} \cdot \frac{\partial^2 \xi}{\partial x^2} + c\,\frac{\partial^2 \varrho}{\partial x^2} \cdot \frac{\partial \xi}{\partial x}\right)$$

und

$$\frac{\partial S}{\partial t} = -\left(c\varrho\,\frac{\partial^2 \xi}{\partial x \cdot \partial t} + c\,\frac{\partial \varrho}{\partial t} \cdot \frac{\partial \xi}{\partial x}\right),$$

und differenziert man schließlich Gleichung (10) partiell noch $x$, so folgt durch Einsetzen der vorstehenden Werte

$$c\varrho\,\frac{\partial^3 \xi}{\partial x^3} + c\,\frac{\partial \varrho}{\partial x} \cdot \frac{\partial^2 \xi}{\partial x^2} + c \cdot \frac{\partial \varrho}{\partial x} \cdot \frac{\partial^2 \xi}{\partial x^2} + c\,\frac{\partial \varrho}{\partial x} \cdot \frac{\partial \xi}{\partial x} + \omega'\left(\frac{\partial \xi}{\partial t} \cdot \frac{\partial \varrho}{\partial x} + \varrho\,\frac{\partial^2 \xi}{\partial x \cdot \partial t}\right) = 0$$

und

$$(11)\qquad \frac{\partial^2 S}{\partial x^2} + \frac{\omega'}{c} \cdot \frac{\partial S}{\partial t} = 0,$$

woraus mit

$$(12)\qquad \mathsf{X} \cdot \mathsf{T} = S$$

$$(13)\qquad \mathsf{T}\,\frac{d^2 \mathsf{X}}{d x^2} + \frac{\omega'}{c} \cdot \mathsf{X} \cdot \frac{d\mathsf{T}}{dt} = 0$$

und

$$(14) \qquad \frac{d^2 \mathsf{X}}{dx^2} - k^2 \cdot \mathsf{X} = 0 \,,$$

bezw.

$$(15) \qquad \frac{\omega'}{c} \cdot \frac{d\mathsf{T}}{dt} + k^2 \mathsf{T} = 0 \,,$$

worin $k$ eine noch näher zu bestimmende Konstante ist.

Die Lösung von (14) ist $\mathsf{X} = A \cdot e^{\pm k \cdot x}$, die von (15) $\mathsf{T} = e^{-\frac{k^2 \cdot c}{\omega'} \cdot t}$, so daß als Gesetz der Spannungsänderung

$$(16) \qquad S = \sum S \cdot e^{\pm kx - \frac{k^2 \cdot c}{\omega'} \cdot t}$$

resultiert. Ist nun $k$ reell, so sieht man, daß die Spannung der Feder vom Maximalwert an der besagten Wand nach rechts nur mit der Zeit und dem Abstand von der Wand abnehmen kann. Durch den Spannungsausgleich der Feder wird also wegen der zwischen Anfang und Ende derselben bestehenden Spannungsdifferenz ein großer Teil der potentiellen und kinetischen Energie auf die Wand übertragen.

Ist $k$ imaginär, so wird die Zeitfunktion $\mathsf{T} = e^{\frac{k^2 c}{\omega'} \cdot t}$ (weil jetzt der Exponent positiv) eine bis ins Unendliche wachsende Größe, während die Ortsfunktion $\mathsf{X}$ sich in eine Summe von zyklischen Funktionen auflöst, so daß als Lösung

$$(17) \qquad S = (\sum S_a \cdot \sin kx + S_b \cos kx) \cdot e^{\frac{k^2 c}{\omega'} \cdot t}$$

resultiert. Diese Lösung gilt, wenn eine der bewegten Wand mit größerer Geschwindigkeit folgende Feder an der Wand verdichtet wird. Ist dieselbe von endlicher Länge, so treten beim Auftreffen auf die Wand Schwingungen auf, die nach längerer Zeit erlöschen. Wäre die auftreffende Feder unendlich lang, was theoretisch wenigstens für eine sehr lange Feder angenommen werden kann, so kann die unendliche Reihe der Sinusfunktionen eine endliche Summe ergeben, so daß die Spannung entsprechend einer einfachen Funktion des Abstandes $x$ und mit dem Exponentialgesetz der Zeit anwächst.

## 9. Ausgleichvorgänge in einer zylindrischen Gassäule.

Dampfmaschinen und Verbrennungskraftmaschinen, die mit hin- und hergehendem Kolben arbeiten, besitzen Kolbengeschwindigkeiten, welche nur einige Meter pro Sekunde betragen. Die Wärmetheorie geht deswegen bei der Ableitung aller Formeln für die Zustandsänderungen der Gase oder Dämpfe in hin- und hergehenden Maschinen von der Annahme aus, daß der Nutzwiderstand und die durch den Gas- oder Dampfdruck der Maschine erzeugte Kolbenkraft in jedem Augenblick im Gleichgewicht seien. Diese Annahme hat zur Voraussetzung, daß eine Schichtung der Dichte und des Gasdrucks in der arbeitenden Gas- oder Dampfmasse nicht vorhanden ist. Wenn die Kolbengeschwindigkeit in solchen Maschinen 100 m/sek oder gar Werte in der Nähe der Schallgeschwindigkeit der Gase oder Dämpfe erreichen könnte, so wären alle diese Rechnungen unbrauchbar, weil dann unbedingt die bei der Bewegung der Gasmasse selbst entstehenden Trägheitskräfte berücksichtigt werden müßten. Wird also z. B. ein Geschoß aus einem Geschütz abgefeuert, dessen Geschwindigkeit an der Rohrmündung bis zu 900 m/sek betragen kann, so sind die einfachen Formeln für die Expansion der Gase nicht mehr zulässig, und es ist unbedingt erforderlich, auch den Teil der Druckabnahme der Gase zu berücksichtigen, welcher durch die Beschleunigung der dem Geschoß folgenden Gasmasse selbst hervorgebracht wird. Es handelt sich also beim Abfeuern eines Geschosses um einen Ausgleichvorgang, der dem der sich entspannenden Feder unter Berücksichtigung der Federmasse sehr nahe kommt.

Eine Gasmasse, welche in ein zylindrisches Rohr eingeschlossen ist, kann, wenn seine beiden Enden durch Membrane verschlossen sind, wie man durch Erfahrung weiß, genau wie eine Saite oder wie eine Schraubenfeder bei festgehaltenen Enden regelmäßige Schwingungen ausführen. Diese können bei größerer Länge des Rohrs zweifellos auch die verschiedensten Schwingungszahlen haben, während bei kleinerer Länge, wie durch die Lehre von den Pfeifen bekannt ist, die Tonhöhe, also die Schwingungszahl, von der Länge der Pfeife abhängt. Eine Beobachtung, welche ohne jedes Interesse zu sein scheint, verdient hier gleich besonders hervorgehoben zu werden. Hat nämlich eine Luftsäule im Verhältnis zu ihrem Querschnitt nur eine geringe Längenausdehnung, so läßt sie sich nicht zum Tönen bringen, wenn auch außerordentlich rasch erfolgende Verdichtungen und Verdünnungen der Luft in ihr erzeugt werden. Elastische Ausgleichvorgänge in zylindrischen Gassäulen erfordern also ein bestimmtes Längenverhältnis der Säule ihrem Durchmesser gegenüber.

Bei der Entladung eines Geschützes oder selbst bei der einer Windbüchse ist es nun ausgeschlossen, die Zustandsänderung der Gase auch noch nach dem Verlassen der Rohrmündung weiter zu verfolgen, weil dann der Druckausgleich durch Übertragung auf die unendliche Masse der Außenluft erfolgt.

Geschieht aber die Entspannung einer Gasmasse in einem zylindrischen Rohr von solcher Länge, daß die Gasmasse während der Dauer des ganzen Ausgleichs geführt bleibt, so muß dieser Vorgang der Rechnung zugängig sein, solange man wenigstens von der Rohrwandreibung und von Wirbeln in der Gasmasse absehen darf. Eine derartige Betrachtung ist also nur bis zu einem gewissen Grade richtig; aber die Abstraktion von der Wirklichkeit ist nicht größer als bei anderen Untersuchungen solcher Art, und sie ist jedenfalls nicht größer als sie bei der Ableitung der Strömungsformeln der Gase üblich ist.

Es sind nun wie bei der sich entspannenden Schraubenfeder verschiedene Fälle des Ausgleichs zu unterscheiden. Die Gassäule kann als Ganzes ruhen, während zwischen den festgehaltenen Enden der Säule Schwingungen hin- und hereilen, die alle möglichen Veränderungen durchlaufen.

Sie kann anfangs ohne Schichtung einen hohen Druck besitzen und das Rohr bis zu einer gegebenen Länge ausfüllen, während plötzlich das eine Ende freigegeben wird, so daß eine Dehnung der eingeschlossenen Gasmasse unter Beschleunigung der forteilenden Schichten eintritt. Es kann in diesem Fall der Vorgang bis zu einem Ausgleich mit dem Gegendruck oder, bei angenommener Luftleere des Rohres, bis zur unendlichen Dehnung fortgesetzt gedacht werden. Ferner kann die Gasmasse bei ihrer

Entspannung, wie bei der Entladung eines Geschützes, eine Masse von gegebener Größe vor sich hertreiben, wodurch die Geschwindigkeit des einen Endes der Gassäule einem vorgeschriebenen Gesetz genügen muß. Schließlich kann die Gassäule von vornherein selbst in Bewegung sein, während die Entspannung eintritt. Dabei kann sich dann das eine Ende der Gassäule mit konstanter Geschwindigkeit bewegen, oder auch beide Enden können sich mit verschieden großer Geschwindigkeit bewegen, oder ein Ende kann sich mit konstanter Geschwindigkeit bewegen, während die Geschwindigkeit des anderen einem vorgeschriebenen Gesetz genügt.

## 10. Theorie der Schwingungen einer ruhenden zylindrischen Gassäule.

Erfährt eine Gasschicht vom Querschnitt $F$ und der Dicke $dx$, welche beim spez. Gewicht $\gamma$ das Gesamtgewicht $F \cdot dx \cdot \gamma$ hat, eine Verdichtung in der Achsenrichtung durch die Verschiebung einer Begrenzungsfläche um $\partial \xi$, so muß die verdrängte Menge $F \cdot \dfrac{\partial \xi}{\partial x} \cdot dx \cdot \gamma$ gleich der Verdichtung $F \cdot dx \cdot \dfrac{\partial \gamma}{\partial x} \cdot dx$ sein, oder es muß

$$(1) \qquad \frac{\partial \xi}{\partial x} \cdot \gamma = \frac{\partial \gamma}{\partial x} \cdot dx \, .$$

Erfolgt der Vorgang wegen der unvermeidlichen Temperaturänderung in der Schicht adiabatisch nach dem Gesetz $p = c \cdot \gamma^k$, so folgt

$$(2) \qquad \frac{\partial p}{\partial x} = c \cdot k \cdot \gamma^{k-1} \frac{\partial \gamma}{\partial x} = k \cdot \frac{p}{\gamma} \cdot \frac{\partial \gamma}{\partial x} \, ,$$

oder auch mit (1)

$$(3) \qquad \frac{\partial p}{\partial x} \cdot dx = k \cdot \frac{p}{\gamma} \cdot \frac{\partial \xi}{\partial x} \cdot \gamma = k \cdot p \frac{\partial \xi}{\partial x} \, .$$

Dies wäre die Druckänderung in der Achsenrichtung der Schicht, wenn keine sonstige Veränderung in derselben einträte. Bewegt sich die Schicht aber während der Verschiebung mit veränderlicher Geschwindigkeit, so muß in ihr selbst eine Druckdifferenz auftreten, welche sich findet aus:

$$(4) \qquad \frac{\partial \left( \dfrac{\partial p}{\partial x} \cdot dx \right)}{\partial x} \cdot dx = \left( k \cdot p \frac{\partial^2 \xi}{\partial x^2} + k \frac{\partial p}{\partial x} \frac{\partial \xi}{\partial x} \right) \cdot dx \left[ \frac{\mathrm{kg}}{\mathrm{cm}^2} \right] .$$

Die Schicht erfährt dabei eine Veränderung ihrer Bewegungsgröße, welche, nach der Zeit differenziert, die Trägheitskraft ergibt, die der Geschwindigkeitsänderung entgegenwirkt. Diese Trägheitskraft ist für eine Schicht

$$(5) \qquad \frac{\partial \left( \dfrac{F \cdot dx \cdot \gamma}{g} \cdot \dfrac{\partial \xi}{\partial t} \right)}{\partial t} = F \left( \frac{\gamma}{g} \frac{\partial^2 \xi}{\partial t^2} + \frac{1}{g} \frac{\partial \gamma}{\partial t} \cdot \frac{\partial \xi}{\partial t} \right) \cdot dx \, ,$$

oder auf den Quadratzentimeter bezogen

$$\left( \frac{\gamma}{g} \frac{\partial^2 \xi}{\partial t^2} + \frac{1}{g} \cdot \frac{\partial \gamma}{\partial t} \cdot \frac{\partial \xi}{\partial t} \right) \cdot dx \left[ \frac{\mathrm{kg}}{\mathrm{cm}^2} \right] .$$

Bei einem Schwingungsvorgang müssen nun die Druckkräfte und die Trägheitskräfte einander gleich sein, woraus folgt

$$(6) \qquad kp \frac{\partial^2 \xi}{\partial x^2} + k \frac{\partial p}{\partial x} \cdot \frac{\partial \xi}{\partial x} = \varrho \frac{\partial^2 \xi}{\partial t^2} + \frac{\partial \varrho}{\partial t} \cdot \frac{\partial \xi}{\partial t} \, ,$$

wenn man gleichzeitig für $\dfrac{\gamma}{g} = \varrho$ setzt. Nimmt man nun, um der Druck- und Dichtigkeitsänderung gerecht zu werden, $p$ und $\varrho$ als Exponentialfunktionen des Weges und der Zeit an, so daß

$$(7) \qquad p = p_0 \cdot e^{\mu x + \omega t}$$

und

$$(8) \qquad \varrho = \varrho_0 \cdot e^{\mu' x + \omega' t},$$

wobei $\mu$ und $\mu'$ bzw. $\omega$ und $\omega'$ noch zu bestimmende Konstanten bedeuten.

Durch Differenzieren des Druckes nach dem Weg und der spezifischen Masse nach der Zeit folgt

$$\frac{\partial p}{\partial x} = \mu \cdot p \quad \text{und} \quad \frac{\partial \varrho}{\partial t} = \omega' \cdot \varrho .$$

Hiermit ergibt sich die Differentialgleichung

$$(9) \qquad k p \frac{\partial^2 \xi}{\partial x^2} + \mu \cdot k \cdot p \frac{\partial \xi}{\partial x} = \varrho \frac{\partial^2 \xi}{\partial t^2} + \varrho \omega' \frac{\partial \xi}{\partial t} ,$$

welche nach Dividieren durch $\varrho$ und Ausscheiden der Größe $\dfrac{k \cdot p}{\varrho}$ übergeht in

$$(10) \qquad \frac{k p}{\varrho} \left( \frac{\partial^2 \xi}{\partial x^2} + \mu \frac{\partial \xi}{\partial x} \right) = \frac{\partial^2 \xi}{\partial t^2} + \omega' \frac{\partial \xi}{\partial t} .$$

Die Frage ist nun, ob $\dfrac{k \cdot p}{\varrho}$ als Konstante betrachtet werden kann.

Aus der Annahme $p = p_0 \cdot e^{\mu x + \omega t}$ und $\varrho = \varrho_0 \cdot e^{\mu' x + \omega' t}$ folgt für die Größe

$$\frac{p}{\varrho} = \frac{p_0}{\varrho_0} \cdot e^{(\mu - \mu') x + (\omega - \omega') \cdot t} .$$

Nach der Zustandsgleichung der Gase ist aber $\dfrac{p}{\varrho} = g \cdot R \cdot T$, so daß die Beziehung

$$(11) \qquad T = T_0 \cdot e^{(\mu - \mu') \cdot x + (\omega - \omega') \cdot t}$$

bestehen muß. Andererseits soll, um dem adiabatischen Gesetz zu genügen, $\dfrac{p}{\varrho^k} = \dfrac{p_0}{\varrho_0{}^k}$ sein. Dies verlangt aber

$$\frac{p_0 \cdot e^{\mu x + \omega t}}{\varrho_0{}^k \cdot e^{(\mu' x + \omega' t) \cdot k}} = \frac{p_0}{\varrho_0{}^k} ,$$

was nur möglich ist, wenn

$$e^{(\mu - k \mu') x + (\omega - \omega' k) \cdot t} = 1 .$$

Es muß also

$$\mu - k \mu' = 0 \quad \text{und} \quad \omega - k \omega' = 0$$

sein. Womit verlangt ist, daß

$$k = \frac{\mu}{\mu'} = \frac{\omega}{\omega'} .$$

Für die Temperaturänderung folgt demnach

$$\frac{T}{T_0} = e^{(\mu' x + \omega' t) (k - 1)} = \left( \frac{\varrho}{\varrho_0} \right)^{k-1} ,$$

wie es die Adiabate verlangt.

Nun soll aber $k \cdot \dfrac{p}{\varrho}$ eine Konstante sein, was verlangt, daß

$$k \cdot \frac{p}{\varrho} = k \cdot \frac{p_0}{\varrho_0} .$$

Da aber

$$\frac{p}{\varrho} = \frac{p_0}{\varrho_0} \cdot e^{(\mu - \mu')\,x + (\omega - \omega')\cdot t}$$

besteht, so folgt die Unmöglichkeit, die Bedingung $k \cdot \dfrac{p}{\varrho} =$ konst. zu befriedigen, weil sonst

$$e^{(\mu - \mu')\,x + (\omega - \omega')\cdot t} = 1$$

sein muß, was rückwärts verlangt, daß keine Temperaturänderung eintritt.

Man sieht hieraus, daß die Schallbewegung, welche auch durch die Differentialgleichung dargestellt ist, sich nur dann mit der bekannten Schallgeschwindigkeit $\sqrt{k\dfrac{p}{\varrho}}$ fortpflanzt, wenn eine wirkliche Bewegung der Gasschichten nicht erfolgt. Die vorstehende Betrachtung mit $\sqrt{k\dfrac{p}{\varrho}} =$ konst. gilt also nur für eine ruhende Gassäule bei der während auftretender Schwingungsbewegung eine wesentliche zeitliche und örtliche Verschiebung der schwingenden Masse nicht eintritt.

Auch die Differentialgleichung (10)

$$\text{(I)} \qquad a^2\left(\frac{\partial^2 \xi}{\partial x^2} + \mu\,\frac{\partial \xi}{\partial x}\right) = \frac{\partial^2 \xi}{\partial t^2} + \omega'\frac{\partial \xi}{\partial t}$$

ist verwandt mit der Heavisideschen Differentialgleichung der Ausgleichvorgänge in Elektrizitätsleitern und läßt genau wie diese analoge Ansätze für die Druckverteilung und für die Bewegung der spezifischen Masse zu. Der Zusammenhang mit der Verschiebungsgleichung findet sich wie bei dem Heavisideschen Ansatz durch die Beziehungen

$$\text{(12)} \qquad p = \frac{\partial \xi}{\partial x}$$

und

$$\text{(13)} \qquad J = \varrho\,\frac{\partial \xi}{\partial t},$$

bezw.

$$\text{(14)} \qquad J = \frac{\partial \varrho}{\partial t} \cdot dx.$$

Wegen

$$\text{(15)} \qquad \varrho\,\frac{\partial \xi}{\partial t} = \frac{\partial \varrho}{\partial t} \cdot dx$$

folgt auch

$$\frac{\partial \varrho}{\partial x} \cdot dx = \varrho\,\frac{\partial \xi}{\partial x};$$

wie schon am Anfang abgeleitet. $J$ könnte auch hier die Stromstärke der verschobenen Masse genannt werden, wenn wirklich eine Verschiebung eintritt. Aus $p = \dfrac{\partial \xi}{\partial x}$ folgt

$$\frac{\partial p}{\partial x} = \frac{\partial^2 \xi}{\partial x^2}\,; \quad \frac{\partial^2 p}{\partial x^2} = \frac{\partial^3 \xi}{\partial x^3}\,; \quad \frac{\partial p}{\partial t} = \frac{\partial^2 \xi}{\partial x \cdot \partial t}\,; \quad \frac{\partial^2 p}{\partial t^2} = \frac{\partial^3 \xi}{\partial x \cdot \partial t^2}\,.$$

Eine nochmalige Differentierung nach $x$ der Gleichung (I) liefert

$$a^2\left(\frac{\partial^3 \xi}{\partial x^3} + \mu\,\frac{\partial^2 \xi}{\partial x^2}\right) = \frac{\partial^3 \xi}{\partial x \cdot \partial t^2} + \omega'\frac{\partial^2 \xi}{\partial x \cdot \partial t},$$

so daß durch Einsetzen der vorstehenden Werte die Druckformel resultiert

$$\text{(II)} \qquad a^2\left(\frac{\partial^2 p}{\partial x^2} + \mu\,\frac{\partial p}{\partial x}\right) = \frac{\partial^2 p}{\partial t^2} + \omega'\frac{\partial p}{\partial t}.$$

Ferner folgt aus

$$\varrho \frac{\partial \xi}{\partial t} = \frac{\partial \varrho}{\partial t} \cdot dx \ ; \quad \frac{\partial \xi}{\partial t} = \frac{1}{\varrho} \cdot \frac{\partial \varrho}{\partial t} \cdot dx$$

und

$$\frac{\partial^2 \xi}{\partial t^2} = \left[ \frac{1}{\varrho} \cdot \frac{\partial^2 \varrho}{\partial t^2} - \frac{1}{\varrho^2} \cdot \left( \frac{\partial \varrho}{\partial t} \right)^2 \right] \cdot dx$$

und aus

$$\varrho \frac{\partial \xi}{\partial x} = \frac{\partial \varrho}{\partial x} \cdot dx \ ; \quad \frac{\partial \xi}{\partial x} = \frac{1}{\varrho} \cdot \frac{\partial \varrho}{\partial x} \cdot dx$$

und

$$\frac{\partial^2 \xi}{\partial x^2} = \left[ \frac{1}{\varrho} \frac{\partial^2 \varrho}{\partial x^2} - \frac{1}{\varrho^2} \left( \frac{\partial \varrho}{\partial x} \right)^2 \right] \cdot dx \ .$$

Diese Werte in (I) eingesetzt, liefern:

$$a^2 \left[ \frac{1}{\varrho} \frac{\partial^2 \varrho}{\partial x^2} - \frac{1}{\varrho^2} \cdot \left( \frac{\partial \varrho}{\partial x} \right)^2 + \frac{\mu}{\varrho} \frac{\partial \varrho}{\partial x} \right] \cdot dx = \left[ \frac{1}{\varrho} \frac{\partial^2 \varrho}{\partial t^2} - \frac{1}{\varrho^2} \cdot \left( \frac{\partial \varrho}{\partial t} \right)^2 \right] dx + \frac{\omega'}{\varrho} \cdot \frac{\partial \varrho}{\partial t} \ dx \ ,$$

welche Gleichung nach Abstreichen von $dx$ in die gesuchte Form übergeht, wenn

(16)
$$\frac{1}{\varrho} \left( \frac{\partial \varrho}{\partial t} \right)^2 - \frac{a^2}{\varrho} \left( \frac{\partial \varrho}{\partial x} \right)^2 = 0$$

ist, was verlangt, daß

$$a = \frac{\dfrac{\partial \varrho}{\partial t}}{\dfrac{\partial \varrho}{\partial x}} = \frac{\partial x}{\partial t} \ .$$

Dies ist aber nach der Bedeutung von $a$ als Schallgeschwindigkeit der Fall.

Es resultiert also als Beziehung für die spezifische Masse die Gleichung

(III)
$$a^2 \left( \frac{\partial^2 \varrho}{\partial x^2} + \mu \frac{\partial \varrho}{\partial x} \right) = \frac{\partial^2 \varrho}{\partial t^2} + \omega' \frac{\partial \varrho}{\partial t} \ .$$

Die Gleichungen I, II, III könnten in bekannter Weise nach $\xi$, $p$ und $\varrho$ aufgelöst werden indem man für $\xi$, $p$ und $\varrho$ das Produkt zweier Funktionen $\mathsf{X}$ und $\mathsf{T}$ substituiert, die ihrerseits nur von $x$ und $t$ abhängen.

Man findet dann z. B. für

(17)
$$\xi = \xi_0 \cdot e^{\mu x + \omega' t} ,$$

wobei $\xi_0$ auch eine Summe von Konstanten bedeuten kann, während $\mu$ und $\omega'$ imaginär sein müssen, um Schwingungen der Gassäule wiederzugeben.

Verlangt man aber, daß $p = p_0 \cdot e^{\mu x + \omega' t}$ und $\varrho = \varrho_0 \cdot e^{\mu x + \omega' t}$ auch eine Lösung der Gleichung (II) und (III) sein soll, so erkennt man, daß diese Lösungen sich mit den Annahmen $p = p_0 \cdot e^{\mu' x + \omega' t}$ und $\varrho = \varrho_0 \cdot e^{\mu' x + \omega' t}$ nicht vereinen lassen. Es sei denn, daß $\mu = \mu'$ und $\omega = \omega'$ gesetzt wird. Dies steht aber mit der abgeleiteten Beziehung $\dfrac{\mu}{\mu'} = \dfrac{\omega}{\omega'} = k$ in Widerspruch.

Der Widerspruch findet seine Erklärung sofort, wenn man beachtet, daß bei einer endlich begrenzten Gassäule Schwingungen, d. h. Verdichtungen und Verdünnungen nur möglich sind, wenn wirkliche Verschiebungen eintreten, d. h. die Schallgeschwindigkeit, die durch $\sqrt{k \dfrac{p}{\varrho}}$ angegeben wird, ist nur eine Annäherung an die Wirklichkeit. Sie ist tatsächlich noch abhängig von der Erwärmung und Abkühlung der Schichten, welche eine Verdünnung und Verdichtung erfahren. Man sieht daraus, daß die Schallgeschwindigkeit also auch von der Stärke der Bewegung abhängen muß, weil dann größere Temperaturunterschiede auftreten.

Außerdem ist sofort zu erkennen, daß die Schallgeschwindigkeit in bewegter Luft, welche also wirkliche Verschiebungen ausführt, andere Werte annehmen muß.

## 11. Rechnerische Behandlung des Ausgleichvorgangs in einer anfänglich ruhenden Gassäule, deren Anfang selbst während des Ausgleichs in Ruhe bleibt.

Wird eine zwischen einem Boden und einem masselos gedachten Kolben in ein zylindrisches Rohr eingeschlossene Gassäule von hohem Druck an der Seite des Kolbens plötzlich entlastet, indem dieser freigegeben wird, so beginnt die Gasmasse, wenn der Boden links in seiner Lage bleibt, sich nach rechts mit großer Geschwindigkeit auszudehnen. Dabei wird die Beschleunigung der nach rechts forteilenden Gasschichten nur zum Teil hervorgebracht durch den in den Schichten selbst eintretenden Druckabfall. Eine weitere Beschleunigung erfolgt noch durch die Dehnungsarbeit der zurückbleibenden Schichten, weil sich die dem Boden näherliegenden Teile der Gasmasse entsprechend der Druckabnahme ausdehnen. Während dieser Ausströmung muß eine bedeutende Temperaturabnahme der einzelnen Schichten eintreten, die größer ist als bei der sog. adiabatischen Expansion in einer Kolbenmaschine, oder in der Expansionsdüse einer Dampfturbine. Nimmt man nämlich von vornherein an, daß Druckdifferenzen in der in Bewegung geratenen Gasmasse auftreten, so muß die Verschiebung der Schichten selbst einen Energieaufwand erfordern, der sich als Produkt aus der Druckdifferenz der Schicht $\frac{\partial p}{\partial x} \cdot dx$ und aus der Verschiebungsgeschwindigkeit $\frac{\partial \xi}{\partial t}$ derselben ergibt. Ihr Wert muß also $\frac{\partial p}{\partial x} \cdot dx \cdot \frac{\partial \xi}{\partial t}$ sein. Solange die Bewegung der Gasmasse so erfolgt, daß die Schichten derselben eben bleiben, wodurch Rohrreibungseinflüsse und Wirbelungen ausgeschlossen werden, so gilt eine ähnliche Beziehung, wie in Kapitel 10: Es muß die durch Dehnung neu erzeugte Schicht dieselbe Masse haben, wie die durch die Verdünnung der ursprünglichen Schicht erzeugte Massenabnahme. Es gilt also die Beziehung

$$(1) \qquad \frac{\partial \xi}{\partial x} \cdot \varrho = - \frac{\partial \varrho}{\partial x} \cdot dx \,.$$

Setzt man ferner voraus, daß der Vorgang ein polytropischer ist, womit das Gesetz $p = C \cdot \varrho^n$ bestehen muß, so ergibt sich für die Druckänderung in einer Schicht der Ansatz

$$(2) \qquad \frac{\partial p}{\partial x} \cdot dx = - n \cdot p \frac{\partial \xi}{\partial x} \,,$$

weil

$$\frac{\partial p}{\partial x} = n \cdot \frac{p}{\varrho} \cdot \frac{\partial \varrho}{\partial x} \quad \text{aus} \quad p = C \cdot \varrho^n$$

folgt.

Diese Druckänderung gilt für die ganze Schicht. Da aber in ihrer Längsrichtung eine Druckänderung auftreten muß, weil sie selbst eine Dehnung erfährt, so muß die Druckdifferenz in der Schicht sich durch nochmaliges Differenzieren nach $x$ ergeben.

$$(3) \qquad \frac{\partial \left( \frac{\partial p}{\partial x} \right)}{\partial x} \cdot dx = - \left( n p \frac{\partial^2 \xi}{\partial x^2} + n \frac{\partial p}{\partial x} \cdot \frac{\partial \xi}{\partial x} \right) \,.$$

Dies ist die Druckänderung in der Achsenrichtung der Schicht, hervorgebracht durch die Dehnung derselben.

Die Masse der Schicht $F \cdot dx \cdot \dfrac{\gamma}{g}$ hat bei der Geschwindigkeit $\dfrac{\partial \xi}{\partial t}$ die Bewegungsgröße $F dx \cdot \varrho \dfrac{\partial \xi}{\partial t}$, so daß die zu überwindende Trägheitskraft gleich $\dfrac{\partial \left( F \cdot dx \cdot \varrho \dfrac{\partial \xi}{\partial t} \right)}{\partial t}$ wird. Differenziert man nach $\partial t$, so folgt:

$$(4) \qquad F \cdot dx \left( \frac{\partial \varrho}{\partial t} \cdot \frac{\partial \xi}{\partial t} + \varrho \frac{\partial^2 \xi}{\partial t^2} \right).$$

Der durch die Dehnung erzeugte Gegendruck hat nun bei einer Beschleunigung der Gasschicht nach rechts dieselbe Richtung wie die vorstehend berechnete Trägheitskraft. Beide Kräfte werden durch die inneren Kräfte des Gases, also durch die Molekularenergie desselben überwunden. Diese Molekularenergie, welche hier als potentielle Energie wirkt, ist gleich dem Wärmeinhalt der Gasschicht. Nimmt man aber, was notwendig wegen der vorausgesetzten Druck- und Dichtigkeitsabnahme geschehen muß, auch die Temperatur der Schicht veränderlich an, so ist der Unterschied des Wärmeinhalts in der Achsenrichtung der Schicht gegeben durch das Produkt $F \cdot dx \cdot \gamma \, c p \dfrac{\partial T}{\partial x} \cdot dx$. Die zeitliche Änderung des Wärmeinhalts gibt den Energiefluß an, den die Schicht nach außen abzugeben in der Lage ist. Derselbe ist also in mkg/sek für die ganze Schicht

$$(5) \qquad \frac{\partial \left( F \cdot dx \cdot \gamma \cdot \dfrac{c_p}{A} \cdot \dfrac{\partial T}{\partial x} \cdot dx \right)}{\partial t}.$$

Es muß nun die zeitliche Abnahme der potentiellen Energie der Schicht, welche durch den Wärmeinhalt geliefert wird, gleich der Summe aus dem zur Dehnung und zur Massenbeschleunigung gebrauchten Effekt sein. Bewegt sich also die Schicht mit der Geschwindigkeit $\dfrac{\partial \xi}{\partial t}$, so werden in der bewirkten Massenbewegung mechanische Energieströme von der Größe der linken Seite der folgenden Gleichung sichtbar:

$$(6) \qquad F \cdot dx \left( n \cdot p \, \frac{\partial^2 \xi}{\partial x^2} + n \cdot \frac{\partial p}{\partial x} \cdot \frac{\partial \xi}{\partial x} \right) \frac{\partial \xi}{\partial t} + F \cdot dx \left( \varrho \frac{\partial^2 \xi}{\partial t^2} + \frac{\partial \varrho}{\partial t} \cdot \frac{\partial \xi}{\partial t} \right) \cdot \frac{\partial \xi}{\partial t}$$

$$= - F \cdot dx \cdot \frac{c_p}{A} \cdot \frac{\partial \left( \gamma \dfrac{\partial T}{\partial x} \right)}{\partial t}.$$

Es resultiert also nach Abstreichen von $F$ und $dx$ und nach Einsetzen des Wertes $\varrho \cdot g$ für $\gamma$ auf der rechten Seite die Differentialgleichung:

$$(7) \qquad \left( n \cdot p \, \frac{\partial^2 \xi}{\partial x^2} + n \cdot \frac{\partial p}{\partial x} \cdot \frac{\partial \xi}{\partial x} + \varrho \cdot \frac{\partial^2 \xi}{\partial t^2} + \frac{\partial \varrho}{\partial t} \cdot \frac{\partial \xi}{\partial t} \right) \cdot \frac{\partial \xi}{\partial t} = - \frac{c p}{A} \cdot \frac{\partial \left( \varrho \cdot g \cdot \dfrac{\partial T}{\partial x} \right)}{\partial t}.$$

Das negative Vorzeichen rechts gibt dabei die Abnahme der Wärmeenergie an.

Ruht nun die Gassäule von Anfang an, so muß die Absolutgeschwindigkeit der Schichten in der Röhre gleich der Relativgeschwindigkeit in derselben sein, so daß sich durch Umsetzen von $\dfrac{\partial \xi}{\partial t} = \dfrac{\partial x}{\partial t}$ auf die rechte Seite die Gleichung auch in der Form schreiben läßt:

$$(8) \qquad n \cdot p \, \frac{\partial^2 \xi}{\partial x^2} + n \cdot \frac{\partial p}{\partial x} \cdot \frac{\partial \xi}{\partial x} + \varrho \cdot \frac{\partial^2 \xi}{\partial t^2} + \frac{\partial \varrho}{\partial t} \cdot \frac{\partial \xi}{\partial t} = - c p \cdot \frac{\partial \left( \varrho \cdot g \cdot \dfrac{\partial T}{\partial x} \right)}{\partial x}$$

Führt man nun entsprechend der bereits benutzten Beziehungen $\dfrac{\partial \varrho}{\partial x} \cdot dx = -\dfrac{\partial \xi}{\partial x} \cdot \varrho$

und $\dfrac{\partial p}{\partial x} \cdot dx = - n\,p \cdot \dfrac{\partial \xi}{\partial x}$ eine analoge Temperaturfunktion ein

$$(9) \qquad\qquad R \cdot g \cdot \frac{\partial T}{\partial x} \cdot dx = -c\,\frac{\partial \xi}{\partial x},$$

worin $c$ mit Hilfe der Zustandsgleichung der Gase ermittelt werden kann. Man findet aus den Ansätzen für $\dfrac{\partial \varrho}{\partial x}$ und $\dfrac{\partial p}{\partial x}$ die Konstante $c = (n-1) \cdot \dfrac{p}{\varrho}$. Durch Differenzieren folgt aus (9) $R g\,\dfrac{\partial^2 T}{\partial x^2} \cdot dx = -c \cdot \dfrac{\partial^2 \xi}{\partial x^2}$. Differenziert man also noch auf der rechten Seite partiell nach $x$, so läßt sich mit den vorstehenden Werten die Differentialgleichung auf die Form bringen:

$$(10)\;\; n \cdot p\,\frac{\partial^2 \xi}{\partial x^2} + n \cdot \frac{\partial p}{\partial x} \cdot \frac{\partial \xi}{\partial x} + \varrho\,\frac{\partial^2 \xi}{\partial t^2} + \frac{\partial \varrho}{\partial t} \cdot \frac{\partial \xi}{\partial t} = -c\,p\,\frac{g}{A}\left(\frac{\partial \varrho}{\partial x} \cdot \frac{\partial T}{\partial x} + \varrho \cdot \frac{\partial^2 T}{\partial x^2}\right)$$

$$= \frac{c_p \cdot c}{A \cdot R}\left(\varrho\,\frac{\partial^2 \xi}{\partial x^2} + \frac{\partial \varrho}{\partial x} \cdot \frac{\partial \xi}{\partial x}\right).$$

Verwendet man wieder die Substitutionen $\dfrac{\partial p}{\partial x} = \mu \cdot p$ und $\dfrac{\partial \varrho}{\partial x} = \mu' \varrho$, $\dfrac{\partial \varrho}{\partial t} = \omega' \cdot \varrho$

und setzt ferner $\dfrac{c_p}{A \cdot R} = \dfrac{k}{k-1}$ und $c = (n-1) \cdot \dfrac{p}{\varrho}$, so läßt sich weiter schreiben:

$$(11) \qquad n \cdot p\,\frac{\partial^2 \xi}{\partial x^2} + n \cdot \mu \cdot p\,\frac{\partial \xi}{\partial x} + \varrho\,\frac{\partial^2 \xi}{\partial x^2} + \omega' \cdot \varrho\,\frac{\partial \xi}{\partial t}$$

$$= \frac{k}{k-1} \cdot (n-1) \cdot \frac{p}{\varrho}\left(\varrho\,\frac{\partial^2 \xi}{\partial x^2} + \mu' \cdot \varrho\,\frac{\partial \xi}{\partial x}\right).$$

Faßt man nun entsprechend zusammen, so ergibt sich

$$(12)\quad \frac{k-n}{k-1} \cdot \frac{p}{\varrho} \cdot \frac{\partial^2 \xi}{\partial x^2} + \frac{p}{\varrho}\left[n \cdot \mu - \frac{k}{k-1} \cdot (n-1) \cdot \mu'\right]\frac{\partial \xi}{\partial x} + \frac{\partial^2 \xi}{\partial t^2} + \omega' \cdot \frac{\partial \xi}{\partial t} = 0.$$

Diese Gleichung läßt sich nun mit den unabhängigen Variabeln $p$, $\varrho$, $T$ in drei weiteren analogen Ansätzen schreiben, deren Lösungen sich sämtlich als Exponentialfunktionen mit den Exponenten $x$ und $t$ in die Form bringen lassen:

$$(13) \qquad\qquad \xi, p, \varrho, T = \sum_{0}^{\infty} A \cdot e^{\mu x + \omega t}.$$

Um also eine gegebene Aufgabe durchrechnen zu können, müssen die Anfangsbedingungen den sämtlichen aus den vier Gleichungen sich ergebenden Bedingungen angepaßt werden. Dies ist ein Bemühen, welches sicher rechnende und in der Behandlung solcher Aufgaben erfahrene Mathematiker verlangt.

Die Voraussetzung bei der Lösung der Differentialgeichung ist aber vor allem, daß der Wert $\dfrac{p}{\varrho}$ als eine Konstante betrachtet werden kann, was nach der gewöhnlichen Zustandsgleichung der idealen Gase nicht zutrifft, für reale Stoffe aber vielleicht doch als Konstante betrachtet werden kann.

Mir genügt es hier konstatiert zu haben, daß in einer Gassäule Schichtungen des Gases möglich sind, welche während des Ausgleichs mit der Länge der Gassäule und der verstrichenen Zeit, sowohl für den Druck wie für die spezifische Masse und auch für die Temperatur veränderliche Werte ergeben, wobei durch die Bewegung der Gassäule eine vermehrte Energieumsetzung eintritt.

## 12. Zur theoretischen Untersuchung des Ausgleichs in einer bewegten Gassäule.

Die Gleichung

$$(1) \quad \left( np\, \frac{\partial^2 \xi}{\partial x^2} + n\frac{\partial p}{\partial x}\cdot\frac{\partial \xi}{\partial x} + \varrho\,\frac{\partial^2 \xi}{\partial t^2} + \frac{\partial \varrho}{\partial t}\cdot\frac{\partial \xi}{\partial t} \right)\cdot\frac{\partial \xi}{\partial t} = -\frac{cp}{A}\,\frac{\partial\left(\varrho\cdot g\,\dfrac{\partial T}{\partial x}\right)}{\partial t}$$

gilt auch für eine Gassäule, welche sich bereits mit gegebener Geschwindigkeit $u$ in ihrer Längsachse bewegt. Ist $\dfrac{\partial x}{\partial t}$ die Relativgeschwindigkeit einer Schicht, so gilt $\dfrac{\partial \xi}{\partial t} = u \pm \dfrac{\partial x}{\partial t}$, und zwar gilt das Pluszeichen, wenn die Bewegung und der Ausgleich in derselben Richtung, das Minuszeichen, wenn er in der entgegengesetzten Richtung erfolgt. Die Aufgabe läßt sich einer Lösung nur näher bringen, wenn das Verhältnis von $u$ und $\dfrac{\partial x}{\partial t}$ von vornherein gegeben ist. Da $\dfrac{\partial x}{\partial t}$ stets eine der Schallgeschwindigkeit in der Größe naheliegenden Geschwindigkeitswert bedeutet — es ist $\dfrac{\partial x}{\partial t}$ eben die relative Schallgeschwindigkeit — so ist $u$ — wenigstens bei den in der gekennzeichneten Maschine erfolgenden Vorgängen — kleiner als $\dfrac{\partial x}{\partial t}$ und also z. B. $u = \dfrac{1}{m}\cdot\dfrac{\partial x}{\partial t}$, wenn $m$ eine ganze Zahl bedeutet. Damit ist aber

$$(2) \quad \frac{\partial \xi}{\partial t} = \frac{\partial x}{\partial t}\left(\frac{1}{m}\pm 1\right) = \frac{\partial x}{\partial t}\cdot\frac{1\pm m}{m}.$$

Nun läßt sich $\dfrac{\partial \xi}{\partial t}$ wieder auf die rechte Seite bringen und das Differenzieren nach $\partial t$ läßt sich in ein Differenzieren nach $x$ umändern, sodaß folgt:

$$(3) \quad np\,\frac{\partial^2 \xi}{\partial x^2} + n\cdot\frac{\partial p}{\partial x}\cdot\frac{\partial \xi}{\partial x} + \varrho\,\frac{\partial^2 \xi}{\partial t^2} + \frac{\partial \varrho}{\partial t}\cdot\frac{\partial \xi}{\partial t} = -\frac{c_p}{A}\cdot\frac{\partial\left(\varrho g\,\dfrac{\partial T}{\partial x}\right)}{\partial x}\cdot\frac{m}{1\pm m}.$$

Benutzt man die Temperaturfunktion

$$(4) \quad g\cdot R\,\frac{\partial T}{\partial x}\cdot dx = -c\,\frac{\partial \xi}{\partial x},$$

differenziert $\varrho g\,\dfrac{\partial T}{\partial x}$ partiell nach $x$, setzt $\dfrac{\partial p}{\partial x} = \mu\cdot p$; $\dfrac{\partial \varrho}{\partial t} = \omega'\cdot\varrho$; dividiert durch $\varrho$ und faßt entsprechend zusammen, so folgt:

$$(\mathrm{I}) \quad \left(n\frac{p}{\varrho} - \frac{c_p\cdot c}{A\cdot R}\cdot\frac{m}{1\pm m}\right)\frac{\partial^2 \xi}{\partial x^2} + \left(\mu\cdot\frac{n\cdot p}{\varrho} - \mu'\frac{c_p\cdot c}{A\cdot R}\cdot\frac{m}{1\pm m}\right)\frac{\partial \xi}{\partial x} + \frac{\partial^2 \xi}{\partial t^2} + \omega'\frac{\partial \xi}{\partial t} = 0.$$

Diese Gleichung ergibt mit $R\,g\,\dfrac{\partial T}{\partial x}\cdot dx = -c\,\dfrac{\partial \xi}{\partial x}$ und mit $R\,g\,\dfrac{\partial T}{\partial t}\cdot dx = -c\,\dfrac{\partial \xi}{\partial t}$ und durch partielles Differentiieren dieser Ansätze nach $x$ und $t$ sofort:

$$(\mathrm{II}) \quad \left(\frac{np}{\varrho} - \frac{c_p\cdot c}{A\cdot R}\cdot\frac{m}{1\pm m}\right)\frac{\partial^2 T}{\partial x^2} + \left(\mu\cdot\frac{n\cdot p}{\varrho} - \mu'\frac{c_p\cdot c}{A R}\cdot\frac{m}{1\pm m}\right)\frac{\partial T}{\partial x} + \frac{\partial^2 T}{\partial t^2} + \omega'\frac{\partial T}{\partial t} = 0.$$

Durch die bereits benutzten Ansätze $\dfrac{\partial \xi}{\partial x} = \dfrac{1}{\varrho}\cdot\dfrac{\partial \varrho}{\partial x}\cdot dx$ und $\dfrac{\partial \xi}{\partial t} = \dfrac{1}{\varrho}\dfrac{\partial \varrho}{\partial t}\cdot dx$ und durch deren zweite partielle Ableitungen folgt für die Massenänderung:

$$(\mathrm{III}) \quad \left(n\frac{p}{\varrho} - \frac{c_p\cdot c}{A\cdot R}\cdot\frac{m}{1\pm m}\right)\frac{\partial^2 \varrho}{\partial x^2} + \frac{np}{\varrho}\left(\mu - \mu'\right)\frac{\partial \varrho}{\partial x} + \frac{\partial^2 \varrho}{\partial t^2} = 0.$$

Dabei ist merkwürdig, daß das Dämpfungsglied der zeitlichen Änderung $\frac{\partial \varrho}{\partial t}$ wegfällt. Mit $\frac{\partial p}{\partial x} = np\frac{\partial \xi}{\partial x}$ und $\frac{\partial p}{\partial t} \cdot dx = n \cdot p\frac{\partial \xi}{\partial t}$ und deren partiellen Ableitungen nach $x$ und $t$ folgt schließlich für die Druckverteilung des Ausgleichs:

$$\text{(IV)} \qquad \left(\frac{np}{\varrho} - \frac{c_p \cdot c}{A \cdot R} \cdot \frac{m}{1 \pm m}\right)\frac{\partial^2 p}{\partial x^2} + (\mu - \mu')\frac{c_p \cdot c}{A R} \cdot \frac{m}{1 \pm m} \cdot \frac{\partial p}{\partial x} + \frac{\partial^2 p}{\partial t^2} = 0 \,.$$

Diese vier Gleichungen können wieder durch die vier Ansätze: $\xi$, $T$, $\varrho$, $p = X \cdot T$ gelöst werden. Dabei ergibt sich die Zeitfunktion für die Massen- und Druckänderung ungedämpft zu $T = B \cdot e^{\pm kt}$, d. h. die Dichtigkeit oder der Druck nimmt entweder mit der Zeit unendlich zu oder ab, wenn $k$ reell ist. Die Konstanten $\mu$, $\mu'$, $\omega$, $\omega'$, lassen sich in einfacher Weise aus den Lösungen im Vergleich zu den Annahmen $p = p_0 \cdot e^{\mu \dot x + \omega t}$ und $\varrho = \varrho_0 \cdot e^{\mu' x + \omega' t}$ eliminieren. Dagegen kann der Exponent der Polytrope $n$ erst ermittelt werden, wenn die Anfangs- und Grenzbedingungen der Aufgabe festliegen. Die zur Separation der Ortsfunktion $X$ und der Zeitfunktion $T$ notwendig einzuführende Konstante $k^2$, welche für die Berechnung von $n$ gegeben sein muß, läßt sich bekanntlich erst ermitteln, wenn die

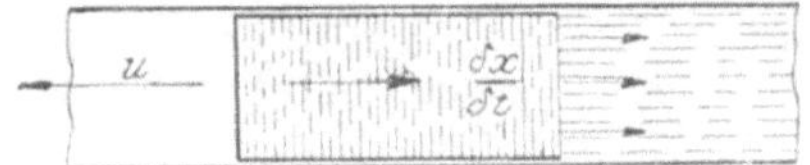

Fig. 10.

übrigen Bedingungen des Ausgleichs bekannt sind. Jedenfalls zeigt aber schon der Ansatz der Differentialgleichungen, daß der Exponent der Polytrope $n$ von dem Wert $\frac{cp}{A \cdot R} \cdot \frac{m}{1 \pm m}$, also vom Wärmeinhalt und von der anfänglichen Geschwindigkeit $u$ der Gassäule abhängen muß. Es hätte nun keinen Zweck, spezielle Lösungen weiter zu verfolgen, da die gekennzeichnete Maschine mit Dämpfen und nicht mit vollkommenen Gasen arbeiten soll, für welche die benutzten einfachen Ansätze doch keine Geltung haben. Überdies sind in den rotierenden Zellen so viel andere störende Einflüsse vorhanden, daß die gewonnenen Rechnungsresultate doch nicht zutreffen würden.

Es kam hier nur darauf an, zu zeigen, daß in bewegten Gassäulen Schichtungen des Druckes, der Dichte und Temperatur auftreten können, die vergrößerte Energieabgabe an einen Rezeptor ermöglichen.

## 13. Ausgleichvorgang in einer mit konstanter Geschwindigkeit bewegten Gassäule ohne Druck-, Dichte- und Temperaturschichtung.

Die Beziehung (9) in Kapitel 11 läßt sich auch abhängig von der Zeit anschreiben

$$\text{(1)} \qquad -Rg\frac{\partial T}{\partial t} \cdot dx = c\frac{\partial \xi}{\partial t}$$

und sagt dann aus, daß die zeitliche Temperaturabnahme in der bewegten Gasmasse proportional mit der Absolutgeschwindigkeit der Bewegung erfolgt. Bewegt sich demnach eine Gassäule (Fig. 10), welche in ein zylindrisches Gefäß eingeschlossen ist, mit der konstanten Geschwindigkeit $u$

nach links, während die das Gefäß vom Boden nach rechts erfüllende
Gasmasse bei Beginn des Vorgangs gleichmäßig hohen Druck, also auch
große Dichte und eine gleichmäßige Temperatur besitzt, so findet der
Ausgleich im Rohr nach rechts statt, indem die Gasschichten mit einer
Relativgeschwindigkeit $\dfrac{\partial x}{\partial t}$ auseinanderstreben. Zwischen der Absolut-
geschwindigkeit $\dfrac{\partial \xi}{\partial t}$ der Schichten des Gases, der Absolutgeschwindigkeit
$u$ der ganzen Gasmasse und der Relativgeschwindigkeit besteht dann die
Beziehung

$$\frac{\partial \xi}{\partial t} = u - \frac{\partial x}{\partial t}.$$

Setzt man diesen Wert in Gleichung (1) ein, so folgt

$$- Rg \frac{\partial T}{\partial t} \cdot dx = c \left( u - \frac{\partial x}{\partial t} \right).$$

Dividiert man jetzt durch $\dfrac{\partial x}{\partial t}$ und setzt für das Verhältnis $\dfrac{\frac{\partial x}{\partial t}}{u} = m$,
in welchem also $m$ gewöhnlich eine ganze Zahl bedeutet, so folgt auch

$$(2) \qquad - Rg \frac{\partial T}{\partial t} \cdot dx = c \cdot \frac{1 - m}{m}.$$

Die Zahl $m$ wird ein Bruch sein, wenn die Relativgeschwindigkeit kleiner
ist als die Absolutgeschwindigkeit der ganzen Gasmasse, was nur bei
abgefeuerten Geschossen denkbar ist, deren Geschwindigkeit in gewöhnlicher
Luft die Schallgeschwindigkeit ja fast um das dreifache überschreiten
kann. Die Beziehung (2) läßt erkennen, daß die örtliche Änderung der
Temperatur vom Verhältnis $m$ der Relativgeschwindigkeit zur Absolutgeschwindigkeit der ganzen Gassäule abhängt. Für $m = 1$ ist $1 - m = 0$,
d. h. die Änderung der Temperatur in der Achsenrichtung der Gassäule
selbst muß gleich Null sein, wenn die Geschwindigkeit des Rohrs gleich
der Relativgeschwindigkeit des Gases im Rohr ist. Natürlich ist in diesem
Fall auch die Änderung des Drucks und der spezifischen Masse in der
Achsenrichtung des Gases Null. Die Gassäule dehnt sich also während
eines solchen Ausgleichs, wie das Gas in einem ruhenden Zylinder mit
sehr langsam bewegten Kolben, wobei der Druck und die spezifische Masse
nach einem bestimmten Gesetz abnimmt. Man kann dabei die Volumänderung als einzige unabhängige Variable proportional mit der ganzen
Dehnung oder auch abhängig von der verstrichenen Zeit angeben. An der
Betrachtungsweise der vorliegenden Aufgabe wird nichts geändert, wenn
man die Röhre, die die Gassäule enthält, selbst ruhend denkt und nur
den Boden nach links mit der Geschwindigkeit $u$ bewegt denkt. Der Anfang der Gassäule bewegt sich dann eben mit vorgeschriebener Geschwindigkeit, während die Relativgeschwindigkeit derselben gleich, aber entgegengesetzt gerichtet ist. Es ist nur zweckmäßig, sich eine einseitig

geschlossene Röhre als Träger der Gasmasse vorzustellen, weil dieses Bild den wirklichen Vorgängen bei der Entleerung der Zellen der gekennzeichneten Maschine besser entspricht.

Für die Relativbewegung schreibt sich der früher benützte Ansatz

$$\frac{\partial \varrho}{\partial x} \cdot dx = - \varrho \frac{\partial \xi}{\partial x},$$

in der veränderten Form

$$(3) \qquad d\varrho \cdot dx = - \varrho \, d^2 x,$$

weil in diesem Fall eine Neubildung von Schichten $d^2 x$ nur erfolgen kann, indem sich Schichten $dx$ ausdehnen. Da die Geschwindigkeit der Gassäule nach links konstant sein soll, so muß für die Relativbewegung das Trägheitsgesetz erfüllt sein. Also muß pro qcm Rohrquerschnitt die Beziehung gelten:

$$(4) \qquad - dp = dx \cdot \varrho \cdot \frac{d^2 x}{d t^2} \, ;$$

Mit Gleichung (3) folgt hieraus auch

$$dp = dx \cdot \frac{dx \cdot d\varrho}{d t^2} \, .$$

Hiernach ist

$$(5) \qquad \frac{dp}{d\varrho} = \left(\frac{dx}{dt}\right)^2 \quad \text{oder} \quad \frac{dx}{dt} = \sqrt{\frac{dp}{d\varrho}} \, ,$$

d. h. die Relativgeschwindigkeit in der Gassäule ist wie die Schallgeschwindigkeit gleich der Wurzel aus dem Verhältnis der Druckänderung zur Änderung der spezifischen Masse. Es wäre nun ein großer Irrtum anzunehmen, daß dieses Verhältnis derselben Wert wie bei der Schallbewegung $k \cdot \dfrac{p}{\varrho}$ besitzen müßte. Dies hätte nämlich zur Voraussetzung, daß der Vorgang ein adiabatischer gewöhnlicher Art ist, und daß das Gesetz $p = c \cdot \varrho^k$ für den Ausgleich gilt. Letzteres ist jedoch unmöglich, weil während des Ausgleichs auf den nach links bewegten Rohrboden eine große Arbeitsleistung übertragen wird, wenn man sich den Vorgang im luftleeren Raum ausgeführt denkt. Es wird nämlich auf den Boden eine dem Gasdruck entsprechende Arbeitsleistung direkt übertragen. Ist $p$ der Gasdruck an einer beliebigen Stelle im Gefäß, während sich die dort bewegte Schicht $F dx$ um $d^2 x$ ausdehnt, so leistet die Schicht durch die Dehnung eine Arbeit $A F p d^2 x$ in Kalorien, wenn $A$ das mechanische Wärmeäquivalent bedeutet. Die Masse der Schicht $F \cdot dx \cdot \varrho$ selbst wird aber während des zurückgelegten Wegelementes $dx$ beschleunigt. Sie äußert daher eine Trägheitskraft von der Größe $F \cdot dx \cdot \varrho \dfrac{d^2 x}{d t^2}$. Da aber die Beschleunigung während des Weges $dx$ erfolgt, so wird eine Arbeit $F dx \cdot \varrho \dfrac{d^2 x}{d t^2} \cdot dx$ in Kalorien gemessen, als Reaktion der Gasströmung auf die Nachbarschichten und durch diese auf den Gefäßboden übertragen. Beide Beträge, die Dehnungsarbeit sowohl wie die Mehrung der kinetischen Energie der Gasschicht (welche also in Wirklichkeit eine Verzögerung der Schicht selbst bedeutet), geschehen nun auf Kosten ihres Energieinhaltes. Derselbe ist bei einem idealen Gas im wesentlichen durch die spezifische Wärme bei konstantem Druck bestimmt. Die Arbeitsleistung kann nur eine Abkühlung der Schicht selbst bewirken und deren Wärmeinhalt muß also um den Betrag $-Fdx\varrho \cdot gc_p dT$ abnehmen. Demnach gilt nach dem Energieprinzip

$$(6) \qquad AFpd^2x + AFdx \cdot \varrho \frac{d^2x}{dt^2} dx = -Fdx \cdot \varrho \cdot g \cdot c_p dT \, .$$

Setzt man nun aus Gleichung (3) den Wert $d^2x = -\dfrac{dx \cdot d\varrho}{\varrho}$ ein, so erhält man, wenn man gleichzeitig $F$ und $dx$ abstreicht und mit $-1$ multipliziert:

$$(7) \qquad Ap\frac{d\varrho}{\varrho} + A\varrho \cdot \frac{dx^2 \cdot d\varrho}{\varrho\, dt^2} = \varrho \cdot gc_p dT \, .$$

Setzt man weiter $A$ auf die rechte Seite, so folgt $p\dfrac{d\varrho}{\varrho} + d\varrho \cdot \left(\dfrac{dx}{dt}\right)^2$ $= \varrho \cdot g\dfrac{cp}{A} \cdot dT$. Führt man schließlich für $\left(\dfrac{dx}{dt}\right)^2$ den Wert $\dfrac{dp}{d\varrho}$ aus Gleichung (5) ein und dividiert durch $p$, so erhält man

$$(8) \qquad \frac{d\varrho}{\varrho} + \frac{dp}{p} = \frac{\varrho g}{p} \frac{c_p}{A} \cdot dT \, .$$

Benützt man die Zustandsgleichung der idealen Gase $g \cdot R \cdot T = \dfrac{p}{\varrho}$ und geht zum Integral über, so folgt weiter

$$(9) \qquad \text{lognat}\,(p \cdot \varrho) = \frac{c_p}{A \cdot R}\,\text{lognat}\,T \, ,$$

und schließlich ergeben bei eingeführten Grenzen bekannte Umsetzungen der Reihe nach

$$(10) \qquad \frac{p_1 \cdot \varrho_1}{p_2 \cdot \varrho_2} = \left(\frac{T_1}{T_2}\right)^{\frac{c_p}{c_p - c_v}} = \left(\frac{p_1}{\varrho_1} \cdot \frac{\varrho_2}{p_2}\right)^{\frac{k}{k-1}}$$

$$(11) \qquad \frac{\varrho_1}{\varrho_2} \cdot \frac{p_1}{p_2} = \left(\frac{p_1}{p_2}\right)^{\frac{k}{k-1}} \cdot \left(\frac{\varrho_2}{\varrho_1}\right)^{\frac{k}{k-1}} \quad \text{oder} \quad \left(\frac{\varrho_1}{\varrho_2}\right)^{1+\frac{k}{k-1}} = \left(\frac{p_1}{p_2}\right)^{\frac{k}{k-1}-1}$$

$$\text{oder} \quad \left(\frac{\varrho_1}{\varrho_2}\right)^{\frac{2k-1}{k-1}} = \left(\frac{p_1}{p_2}\right)^{\frac{k-k+1}{k-1}} \quad \text{oder} \quad \frac{p_1}{p_2} = \left(\frac{\varrho_1}{\varrho_2}\right)^{2k-1}$$

und schließlich $\dfrac{p_1}{\varrho_1^{2k-1}} = \dfrac{p_2}{\varrho_2^{2k-1}}$ und

$$(12) \qquad p = C \cdot \varrho^{2k-1} \, .$$

Die Beziehungen (11) und (12) stellen also die Zustandsänderung in einem mit der Ausgleichsgeschwindigkeit bewegten Zylinder dar. Das Gesetz hat mathematisch dieselbe Form, wie das Poissonsche Gesetz der Adiabate. In Wirklichkeit ist aber der Vorgang, ebenso wie der adiabatische Vorgang der gewöhnlichen Art, ausgeführt bei für Wärme undurchlässigen Wandungen des bewegten Gefäßes. Diese Zustandsänderung soll deswegen künftig die „ideale Adiabate" genannt werden. Setzt man nun das aus der Beziehung $p = C \cdot \varrho^{2k-1}$ berechnete Verhältnis $\dfrac{dp}{d\varrho} = (2k-1) \cdot \dfrac{p}{\varrho}$ in die Gleichung $\dfrac{dx}{dt} = \sqrt{\dfrac{dp}{d\varrho}}$ ein, so ergibt sich eine, nur vom Zustand abhängige Ausgleichsgeschwindigkeit von der Größe

$$(13) \qquad \frac{dx}{dt} = \sqrt{(2k-1)\frac{p}{\varrho}} \, ,$$

welche von der Schallgeschwindigkeit nicht allzusehr verschieden ist. Setzt man nämlich für ideale Gase den Wert $a = \sqrt{k \cdot \dfrac{p}{\varrho}}$, so findet sich für $\dfrac{dx}{dt} = a_i$ das Verhältnis der Ausgleichgeschwindigkeit zur Schallgeschwindigkeit im ruhenden Gas $\dfrac{a_i}{a} = \sqrt{\dfrac{2k-1}{k}}$, woraus für $k = 1{,}41$ $\dfrac{a_i}{a} = \sqrt{\dfrac{1{,}82}{1{,}41}} = 1{,}138$. Besondere Beachtung verdient die Veränderlichkeit von $\dfrac{dx}{dt} = \sqrt{(2k-1)\dfrac{p}{\varrho}}$, wofür man mit der Zustandsgleichung der idealen Gase auch schreiben kann: $\dfrac{dx}{dt} = \sqrt{(2k-1)g \cdot RT}$. Es wird also die bewegte Gassäule eigentlich nicht mit einer konstanten, sondern mit einer der Temperaturabnahme entsprechenden, allmählich kleiner werdenden, Geschwindigkeit zu bewegen sein, damit die Voraussetzung $\dfrac{\dfrac{dx}{dt}}{u} = m$ erfüllt ist. Außerdem ist zu beachten, daß das als konstant angenommene Verhältnis $k$ in Wirklichkeit ebenfalls eine Veränderliche ist. Mit der abnehmenden Temperatur geht das Gas vom überhitzten Zustand zweifellos in den Zustand des gesättigten und nassen Dampfes über, und zwar im Falle dieser idealen Adiabaten außerordentlich rasch, weil eben der Exponent derselben einen so großen Wert 1,82 bei idealen Gasen gegenüber 1,41 der gewöhnlichen Adiabate hat. Setzt man $k = 1{,}135$ wie bei gesättigtem Wasserdampf in die Beziehung $a_i = \sqrt{(2k-1)\dfrac{p}{\varrho}}$ ein, so findet sich $\dfrac{a_i}{a} = \sqrt{\dfrac{1{,}27}{1{,}135}} = 1{,}06$, und man sieht, daß das Verhältnis der Ausgleichsgeschwindigkeit der idalen Adiabate zur Schallgeschwindigkeit nicht sehr weit vom Wert 1 abweicht. Bildet sich aber in der Dampfsäule Flüssigkeit, so ist, wie schon Zeuner gezeigt hat, der Exponent der gewöhnlichen Adiabate von der spezifischen Dampfmenge $x$ abhängig, und zwar gilt $k = 1{,}035 + 0{,}1\,x$, so daß der Exponent mit zunehmendem Flüssigkeitsgehalt, also mit abnehmender spezifischer Dampfmenge, sich mehr und mehr dem Wert 1,035 nähert. Daraus folgt aber, daß der Exponent der idealen Adiabate ebenfalls vom Wert 1 nicht sehr abweicht, so daß die Ausgleichsgeschwindigkeit in der mit dieser Geschwindigkeit bewegten Dampfsäule von der Schallgeschwindigkeit im ruhendem Dampf nur sehr wenig abweicht.

**14. Vorgang der idealen adiabatischen Verdichtung. Ein mit konstanter Geschwindigkeit bewegter Gasstrom, dessen Querschnitt unveränderlich ist, tritt in ein zylindrisches Rohr ein, dessen Boden mit kleinerer Geschwindigkeit sich in derselben Richtung bewegt wie der Gasstrom.**

Trifft ein Gasstrom auf den Boden eines mit kleinerer Geschwindigkeit bewegten Gefäßes auf (siehe Fig. 11), so tritt wenn eine seitliche Ausweichung durch eine

Fig. 11.

Rohrwand verhindert wird, eine Verdichtung am Boden auf, die, wie im Kapitel 8 bei der Verdichtung einer Schraubenfeder auseinandergesetzt ist, mit der Zeit zu- und mit der Entfernung vom Boden abnimmt. Die Beziehung

$$(1) \qquad Rg\,\frac{\partial T}{\partial t}\cdot dx = -c\cdot\frac{\partial \xi}{\partial t}$$

würde dabei besagen, daß die zeitliche Temperaturzunahme der Abnahme der Absolutgeschwindigkeit während der Verdichtung direkt proportional ist. Bedeutet nun $u$ die Geschwindigkeit des röhrenförmigen Gefäßes, in welches das Gas eintritt, $\dfrac{\partial \xi}{\partial t}$ die Absolutgeschwindigkeit der Gasschichten während der Verdichtung, so ist $\dfrac{\partial \xi}{\partial t} - u = \dfrac{\partial x}{\partial t}$ die Relativgeschwindigkeit, mit welcher die Verdichtung des Gases im forteilenden Gefäß erfolgt. Setzt man wieder

$$(2) \qquad \frac{\dfrac{\partial x}{\partial t}}{u} = m\,,$$

so wird

$$(3) \qquad Rg\,\frac{\partial T}{\partial t}\cdot dx = -c\left(u + \frac{\partial x}{\partial t}\right).$$

Es folgt durch Division mit $\dfrac{\partial x}{\partial t}$ und Einsetzen von $m$

$$(4) \qquad Rg\,\frac{\partial T}{\partial x}\cdot dx = -c\cdot\frac{1+m}{m}\,,$$

d. h. die Temperaturänderung in der Achsenrichtung ist wiederum vom Verhältnis $m$ der Relativgeschwindigkeit in der Gasmasse und der Geschwindigkeit des bewegten Gefäßes abhängig. Eine Änderung der Temperatur in der Achsenrichtung und somit eine Schichtung des Druckes und der spezifischen Masse tritt also nicht ein, wenn $m = -1$, d. h. wenn $u = -\dfrac{\partial x}{\partial t}$. Die Geschwindigkeit, mit der die Verdichtung im Gefäß fortschreitet, muß also der Bewegung des die Gassäule auffangenden Gefäßes entgegengerichtet und gleich dem Absolutwert der Gefäßgeschwindigkeit sein. Im Gefäß muß also eine nach rechts fortschreitende Verdichtungswelle auftreten.

Bei dieser Verdichtung wird natürlich, besonders wenn man den Vorgang sich im Vakuum ausgeführt denkt, auf den Boden des Gefäßes eine beträchtliche Arbeitsleistung übertragen. Dieselbe setzt sich genau wie bei der idealen adiabatischen Expansion für jede Schicht aus zwei Beträgen zusammen. Erfährt nämlich eine Schicht beim Druck $p$ die Verdichtung $d^2 x$ in der Längsrichtung, so wird eine Arbeit $F \cdot p \cdot d^2 x$ verbraucht. Hatte die Schicht vorher die Masse $F \cdot d x \cdot \varrho$ und erfährt sie während der Verschiebung um $dx$ die Verzögerung $\dfrac{d^2 x}{d t^2}$, so wird eine Arbeit

$$ F\, dx \cdot \varrho \cdot \frac{d^2 x}{d t^2} \cdot dx $$

in m/kg verfügbar, welche sich auf die Nachbarschichten und von da auf den bewegten Boden des Gefäßes überträgt. Für die Verdichtung muß das Gesetz $dx \cdot d\varrho = d^2 x \cdot \varrho$ erfüllt sein, denn es muß die Massenzunahme einer Schicht gleich der verschluckten kleinen Menge $d^2 x \cdot \varrho$ der Schicht höherer Ordnung sein. Durch die Verzögerung und Verdichtung muß eine Temperaturerhöhung der Schicht selbst eintreten, so daß nach dem Energieprinzip die Gleichung

$$ (5) \qquad F \cdot p\, d^2 x + F\, dx \cdot \varrho\, \frac{d^2 x}{d t^2} \cdot dx = c_p\, \frac{d T}{A} \cdot F \cdot dx \cdot \varrho \cdot g $$

bestehen muß. Da aber die Richtung der Verzögerung der Zunahme von $x$ entgegen erfolgt und die gesamte Arbeit als Nutzarbeit am Boden des Gefäßes verfügbar wird, so gilt richtiger

$$ - p\, d^2 x - dx \cdot \varrho\, \frac{d^2 x}{d t^2} \cdot dx = c_p\, \frac{d T}{A} \cdot dx \cdot \varrho \cdot g $$

oder

$$ (6) \qquad p\, d^2 x + \varrho\, \frac{d^2 x}{d t^2} \cdot dx^2 = - c_p\, \frac{d T}{A} \cdot dx \cdot \varrho \cdot g , $$

d. h. die nach außen an die bewegte Zelle abgegebene positive Arbeit bewirkt doch wieder eine Abkühlung der Schicht, obwohl die Gasmasse eine Kompression erfährt. Durch Einführung des Wertes $d^2 x$ aus der Beziehung $dx \cdot d\varrho = d^2 x \cdot \varrho$ und mit $\left(\dfrac{dx}{dt}\right)^2 = \dfrac{dp}{d\varrho}$, folgt ähnlich wie früher

$$ (7) \qquad p\, \frac{dx \cdot d\varrho}{\varrho} + \frac{dp}{d\varrho} \cdot dx \cdot d\varrho = - c_p g\, \frac{d T}{A} \quad \text{und} \quad \frac{d\varrho}{\varrho} + \frac{dp}{p} = - c_{p}\, \frac{d T}{A\, p\, v} $$

$$ = - \frac{k}{k-1} \cdot \frac{d T}{T} . $$

Die Integration und die bereits oben verwendeten Umsetzungen ergeben

$$ (8) \qquad \text{lognat}\, \frac{p_1 \varrho_1}{p_2 \varrho_2} = - \frac{k}{k-1}\, \text{lognat}\, \frac{T_1}{T_2} \quad \text{oder} \quad \frac{\varrho_1 \cdot p_1}{\varrho_2 \cdot p_2} = \left(\frac{T_2}{T_1}\right)^{\frac{k}{k-1}} $$

$$ \text{oder}\ \frac{\varrho_1 \cdot p_1}{\varrho_2 \cdot p_2} = \left(\frac{\varrho_1 \cdot p_2}{\varrho_2 \cdot p_1}\right)^{\frac{k}{k-1}} \quad \text{und} \quad \frac{\varrho_1 \cdot p_1}{\left(\dfrac{\varrho_1}{p_1}\right)^{\frac{k}{k-1}}} = \varrho_2 \cdot p_2 \cdot \left(\frac{p_2}{\varrho_2}\right)^{\frac{k}{k-1}} $$

$$ \text{woraus schließlich}\quad \frac{p_1}{p_2} = \left(\frac{\varrho_1}{\varrho_2}\right)^{\frac{1}{2k-1}} $$

und somit folgt schließlich das Gesetz der Zustandsänderung für die ideale adiabatische Verdichtung, wenn man die spezifischen Volumen einführt:

$$(9) \qquad p_1 \cdot v_1^{\frac{1}{2k-1}} = p_2 \cdot v_2^{\frac{1}{2k-1}} .$$

Dieses Gesetz hat also schließlich wieder die Form einer Polytrope. Dasselbe läßt sich mit Hilfe der bereits verwendeten bekannten Umsetzungen auch als Funktionen zwischen den Temperaturen und Drucken, sowie zwischen den Temperaturen und den spezifischen Volumen darstellen. Es ist:

$$\frac{p_1}{p_2} = \left(\frac{v_2}{v_1}\right)^{\frac{1}{2k-1}} \text{ oder } \frac{v_2}{v_1} = \left(\frac{p_1}{p_2}\right)^{2k-1} \text{ und } p_1 v_1 \cdot v_1^{\frac{2(1-k)}{2k-1}} = p_2 \cdot v_2 \cdot v_2^{\frac{2(1-k)}{2k-1}},$$

$$\text{so daß } \frac{T_2}{T_1} = \left(\frac{v_1}{v_2}\right)^{\frac{2(k-1)}{2k-1}} \text{ oder } \frac{v_2}{v_1} = \left(\frac{T_2}{T_1}\right)^{\frac{2k-1}{2(k-1)}} \text{ und hieraus } \left(\frac{p_1}{p_2}\right)^{2k-1} = \left(\frac{T_2}{T_1}\right)^{\frac{2k-1}{2(k-1)}}$$

$$\text{und schließlich } \frac{T_2}{T_1} = \left(\frac{p_1}{p_2}\right)^{2(k-1)} .$$

Setzt man wieder den Wert $k = 1{,}41$ für ideale Gase ein, so wird $\dfrac{1}{2k-1} = \dfrac{1}{1{,}82}$ $= 0{,}55$, ferner $\dfrac{2(k-1)}{2k-1} = \dfrac{2 \cdot 0{,}41}{1{,}82} = 0{,}45$.

Erfolgt also z. B. eine Verdichtung des spezifischen Volumens auf die Hälfte des Anfänglichen, so ergibt sich eine so starke Abkühlung, daß, wenn wirklich das Gesetz der idealen Gase bei dieser Temperaturänderung gültig wäre, die Endtemperatur nur 73% der Anfangstemperatur beträgt. Es ist nämlich für $v_2 = \dfrac{1}{2} v_1$;

$$\frac{T_2}{T_1} = \left(\frac{v_2}{v_1}\right)^{0{,}45} = \left(\frac{1}{2}\right)^{0{,}45} = 0{,}73.$$

Setzt man den Exponenten der Zustandsänderung $k = 1{,}135$ wie für Wasserdampf ein, so erhält man $\dfrac{1}{2k-1} = \dfrac{1}{1{,}27} = 0{,}789$; Es verhält sich also die Verdichtungsgeschwindigkeit

$$(10) \qquad a_i = \frac{dx}{dt} = \sqrt{\frac{1}{2k-1} g p v}$$

in der bewegten Gassäule zur Schallgeschwindigkeit im ruhenden Wasserdampf

$$\frac{a_i}{a} = \sqrt{\frac{0{,}789}{1{,}135}} = 0{,}835 .$$

Dieses Verhältnis beträgt dagegen für ideale Gase mit $k = 1{,}41$:

$$\frac{a_i}{a} = \sqrt{\frac{0{,}55}{1{,}41}} = \sqrt{0{,}39} = 0{,}625 .$$

Man ersieht daraus, daß genau wie bei der Zustandsänderung der idealen adiabatischen Expansion die Ausgleichsgeschwindigkeit um so mehr der Schallgeschwindigkeit im ruhenden Gas sich nähert, je mehr das Treibmittel der Verflüssigung entgegengeht. Besonders zu beachten ist dabei noch, daß alle diese Werte mit der Temperatur abnehmen und daß somit die Geschwindigkeiten, welche für die idealen Zustandsänderungen notwendig werden, mit der Temperatur des sich abkühlenden Treibmittels selbst abnehmen.

Für Wasserdampf von 200° C ist z. B.

$$a_i = \sqrt{0,789 \cdot 9,81 \cdot 47 \cdot 473} = 415 \ \text{m/sec} \ ,$$

während sich für Wasserdampf von 40° C nur ein Wert

$$a_i = \sqrt{0,789 \cdot 9,81 \cdot 47 \cdot 313} = 337 \ \text{m/sec}$$

ergibt.

Die Schallgeschwindigkeit und somit auch die ideale Ausgleichsgeschwindigkeit hängt übrigens noch ab vom Molekulargewicht des verwendeten Treibmittels, wie folgende Tabelle, die auf den Normalzustand bezogen ist, beweist.

| Stoff | Wasserstoff | Wasserdampf | Kohlen-oxydgas | Kohlensäure | Schwefel-dioxyd |
|---|---|---|---|---|---|
| Molekulargewicht . . | 2 | 18 | 28 | 44 | 64 |
| Schallgeschwindigkeit | 1280 | 410 | 337 | 270 | 209 |

Wenn nun auch die Werte von $k$ für $CO_2$ und $SO_2$ nicht genügend bekannt sind, so erkennt man hieraus doch, daß es sehr wohl möglich wäre, unter Verwendung von Kohlensäure oder Schwefeldioxyd, eine Maschine so zu konstruieren, daß ihre Umfangsgeschwindigkeit gleich der idealen Ausgleichsgeschwindigkeit würde.

Beide Vorgänge, die ideale Expansion und die ideale Kompression, können nun selbst, wenn die notwendigen Translationsgeschwindigkeiten als Umfangsgeschwindigkeiten von Zellenrädern ausführbar wären (was vielleicht bei Verwendung von Gasen und Dämpfen von hohem Molekulargewich möglich wäre), niemals vollständig verwirklicht werden, weil störende Einflüsse, wie Reibungen und Wirbelbildungen in den umlaufenden Radzellen nicht zu vermeiden sind. Dabei ist ganz besonders zu beachten, daß für den Dampfzustand und vor allem für Naßdampf entsprechende Verhältnisse der spezifischen Wärmen für die verschiedenen Stoffe keine Konstanten und auch nicht genügend bekannt sind, so daß bei deren Verwendung erst durch die Wärmetheorie oder durch Versuche die nötigen Grundlagen geschaffen werden müßten.

Die Zustandsänderungen in den expandierenden und komprimierten bewegten Gassäulen, wie sie in Kapitel 11 und 12 geschildert wurden, sind wegen der gegen den absoluten Raum erfolgenden Volumveränderungen und der dadurch vergrößerten äußeren Arbeitsleistung polytropische Zustandsänderungen, deren Exponenten zwischen dem der gewöhnlichen und der idealen Adiabate liegen. Wie in den Kapiteln 11 und 12 gezeigt, treten in diesen Fällen gegen den Boden der Zellen hin zunehmende Schichtungen des Druckes und der Temperatur auf, welche eben bei der großen Translationsgeschwindigkeit des Gefäßes vermehrte Arbeitsabgabe an die Radzellen bewirken. Praktisch werden auch in diesen Fällen durch die Verluste die Exponenten der Polytropen ungünstig verändert.

## 15. Über die Wirkungsweise gewöhnlicher Turbinen.

Die sog. Grundformel für die Berechnung der Leistung von Turbinen ist meines Wissens zuerst von Euler, dann in neuester Zeit in anderer Weise von Zahikjanz abgeleitet worden, während sich eine besonders einfache Ableitung mit Hilfe des Flächensatzes in Föppl's Dynamik findet. Bei den Darstellungen von Euler und Zahikjanz wird davon ausgegangen, daß die Flüssigkeit in den Turbinenkanälen eine allmähliche Ablenkung erfährt, und die in Richtung der Schaufelbewegung fallende Komponente des Drucks, welche die Flüssigkeit bei dieser Ablenkung auf die Schaufelwand ausübt, wird als die treibende Kraft in der Turbine betrachtet. Man hat dann, anlehnend an diese Theorie für den Turbinenkonstrukteur die strenge Regel gegeben: „nur durch allmähliche, stoßfreie Ablenkung des Flüssigkeitsstrahls kann in einer Turbine die kinetische Energie der Flüssigkeit rationell auf die Schaufelwand übertragen werden". Wenn nun dieser Grundsatz auch für unelastische Flüssigkeit richtig ist, so verliert er doch, wie nachher gezeigt werden soll, ganz seine Bedeutung bei nahezu vollkommen elastischen Flüssigkeiten, wie es Gase und Dämpfe sind. Schon die Turbinentheorie von Lorenz, welche davon ausgeht, daß der wirksame Druck im Turbinenkanal nur durch die Druckdifferenz zwischen der vorderen, treibenden und der hinteren, geschleppten Schaufelwand geliefert wird, läßt erkennen, daß die Elastizität der Flüssigkeit eine wesentliche Rolle bei der Kraftübertragung in Turbinenkanälen spielt. Wenn nämlich ein Turbinenkanal seiner vollen Breite nach mit Flüssigkeit gefüllt ist, so kann doch eine treibende Kraft in Richtung des Drehsinns der Turbine und normal zu den Schaufelflächen nur dann auftreten, wenn in der Flüssigkeit eine elastische Spannung vorhanden ist. Trotz der Bewegung der Flüssigkeit längs der Schaufel ist dieselbe doch relativ zur Schaufelwand in Richtung der Drehung der Schaufel im wesentlichen ruhend zu denken. Hierauf beruht auch die Vorstellung der Zerlegung des Flüssigkeitsstrahls in parallel verlaufende Flüssigkeitsfäden. Es kann also die Druckdifferenz zwischen der vorderen und der hinteren Schaufelwand nicht durch den Unterschied der Geschwindigkeit der bewegten Flüssigkeit verursacht sein, wie es sein müßte, wenn in dieser Richtung eine Massenverzögerung erfolgen würde. Es kann also, wie gesagt, die arbeitleistende Druckdifferenz nur in einer elastischen Spannung in der Flüssigkeit ihre Ursache haben. Diese elastische Spannung in der Flüssigkeit entsteht beim Eintritt in den Turbinenkanal durch den Stoß, der mit größerer Geschwindigkeit auf die bewegte Schaufel treffenden Flüssigkeit. Die Verkennung dieses Umstandes ist zweifellos mit daran Schuld gewesen, daß eine hinreichend richtige Theorie besonders der Dampfturbinen noch nicht geschaffen ist. Es ist eine unglückliche Ausdrucksweise, wenn man in der Turbinentheorie immer vom sog. stoßfreien Eintritt der Flüssigkeit in die Turbine spricht. Die bekannten, aus dem Geschwindigkeitsparallelogramm sich ergebenden Beziehungen, liefern nämlich durchaus keinen stoßfreien Eintritt der Flüssigkeit, wie gleich gezeigt werden wird, sondern nur eine Raumbeziehung, welche es ermöglicht, daß der Flüssigkeitsstrahl ohne Massenverlust in die Turbinenkanäle eintritt. Ist der Kanal befähigt die mit gegebener Geschwindigkeit ankommende Flüssigkeit bei seiner bestehenden Neigung gegen den Umfang und bei seiner konstanten Umfangsgeschwindigkeit gerade zu schlucken, ohne daß leere Räume bleiben oder Flüssigkeitsstauungen entstehen, so kann man die hierzu notwendige Bedingung, wie es englische Schriftsteller tun, am besten das synchrone Arbeiten der Turbine nennen.

Wenn nämlich ein Teilchen (s. Fig. 12) die bewegte Wand, welche unter dem Winkel $\beta_1$ gegen die Umfangsgeschwindigkeit $u$ geneigt ist, erreichen soll, um einen Arbeitsbetrag an dieselbe abzugeben, so muß seine Geschwindigkeit $c_1 \cdot \cos \alpha_1$ in Richtung der Bewegung größer sein als die Translationsgeschwindigkeit $u$ der Wand. War der Flüssigkeitsstrahl vor dem Auftreffen auf die Wand unter dem Winkel $\alpha_1$ gegen die Richtung der Bewegung der Wand geneigt, so war die Geschwindigkeit der Teilchen in Richtung der Bewegung der Wand $c_1 \cdot \cos \alpha_1$. Aus dem Geschwindigkeitsparallelogramm folgt aber, wie man direkt aus der Fig. 12 entnehmen kann, die Beziehung

$$(1) \qquad c_1 \cdot \cos \alpha_1 = u + w_1 \cos \beta_1 .$$

Es ist also, die Geschwindigkeit in Richtung der Bewegung $c_1 \cos \alpha_1$ um den Betrag $w_1 \cos \beta_1$ größer als die Translationsgeschwindigkeit der Wand $u$. Dieser Betrag $w_1 \cdot \cos \beta_1$ ist es auch, der auf den Stoßdruck entfällt und der nur mit der pro Sekunde auftreffenden Masse $\dfrac{G}{g}$ zu multiplizieren ist, um den Stoßdruck des Strahls

$$(2) \qquad P = \frac{G}{g} w_1 \cdot \cos \beta_1$$

zu berechnen. Wirklich stoßfrei wäre der Vorgang nur, wenn die

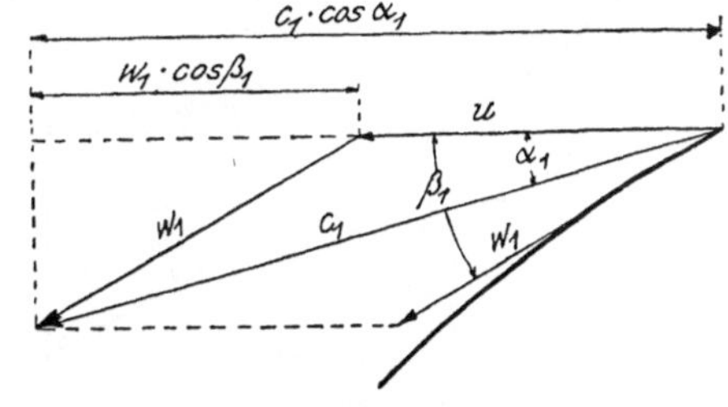


Fig. 12.

Geschwindigkeit der Teilchen in Richtung der Bewegung der Wand, gleich der Translationsgeschwindigkeit der Wand selbst wäre, so daß $c_1 \cdot \cos \alpha_1 = u_1$. Es müßte dann aber die Richtung der Wand senkrecht auf der Richtung der Translationsgeschwindigkeit derselben stehen. Der Stoßdruck $\dfrac{G}{g} w_1 \cdot \cos \beta_1$ wäre dann aber notwendig Null und die Eintrittsgeschwindigkeit relativ zur Wand wäre $c_1 \cdot \sin \alpha_1$. Im letzteren Fall würde also auf die Wand zunächst beim Eintritt in das Rad keine Arbeit übertragen, aber auch keine elastische Spannung im auftreffenden Treibmittel hervorgebracht, und der Eintritt in das Rad erfolgte wirklich stoßfrei. Ist aber, wie gewöhnlich, die aufnehmende Wand gegen die Richtung der Bewegung unter einem Winkel $\beta_1$ geneigt, so werden die auftreffenden Teilchen oder ganze Schichten zunächst deformiert, und dann beginnen sie bei der augenscheinlich verhältnismäßig geringen Reibung mit der Relativgeschwindigkeit $w_1$ an der Wand entlang zu gleiten, während sie anderen an derselben Stelle auftreffenden Teilchen Platz machen. Natürlich können nicht alle Teilchen nacheinander die Wand treffen, weil der Flüssigkeitsstrahl stets eine erhebliche Breite besitzt. Es werden daher auch aufeinanderfolgende Teilchen unter sich zum Stoß kommen, und deren Stoßdruck wird sich dann nach vorne und seitlich fortpflanzen. Der Vorgang ist, wie man sofort erkennt, im einzelnen überhaupt nicht zu verfolgen. Man kann nur voraussagen, daß der gesamte Stoßdruck als elastische Spannung in der Flüssigkeit aufgespeichert ist, obwohl gleichzeitig ein gleich großer Arbeits druck auf die Wand übertragen wird. Geht diese elastische Spannung während des weiteren Verlaufs der Strömung im Kanal durch Wirbel bewegung verloren, so ist dieser Arbeitsverlust ein totaler. Beim Austritt aus dem Turbinenkanal muß dann nämlich ein neuer solcher Spann zustand durch Umsetzung von Geschwindigkeit in Druck erst erzeugt werden, wenn auch beim Austritt Energie auf die Schaufel übertragen werden soll. Man sollte daher bei gewöhnlichen Turbinen darnach streben, durch entsprechende Krümmung der Schaufel und durch die der Ablenkung der strömenden Flüssigkeit entsprechenden Zentrifugalwirkung, den Spann zustand in derselben, beim Durchströmen des Kanals zu erhalten. Aus dem Stoßdruck $\dfrac{G}{g} w_1 \cos \beta_1$ berechnet sich übrigens, wie bekannt, durch Hinzu nahme der Umfangsgeschwindig keit $u$ als Faktor, die beim Eintritt in den Kanal an die Schaufel ab gegebene Leistung.

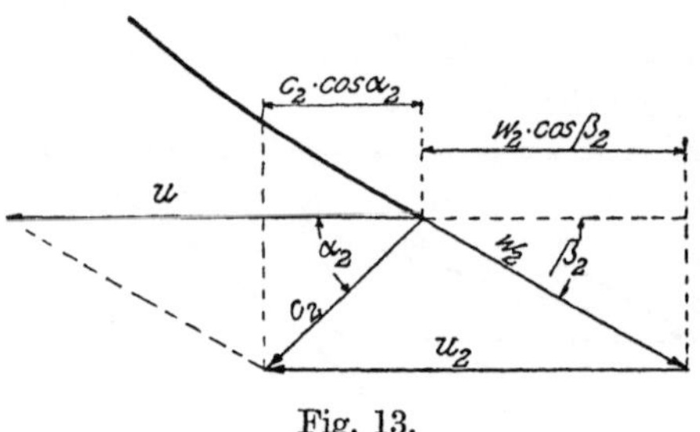


Fig. 13.

$$(3) \quad L_1 = \frac{G}{g} u \cdot w_1 \cdot \cos \beta_1 \; \text{mkg/sec} .$$

Auch beim Austritt aus einem bewegten Turbinenkanal ist das Geschwindigkeitsparallelogramm nur eine Fiktion, weil nämlich die theoretische Relativgeschwindigkeit, welche im Kanal angenommen wird, an der Kanalmündung praktisch nicht existiert. Wenn eine Person von einem fahrenden Wagen abspringt, so muß sie, vorausgesetzt, daß sie mit kleinerer Geschwindigkeit auf den Boden gelangen will, sich vom Wagen nach rückwärts abstoßen. Hierbei vermindert sie ihre Eigengeschwindigkeit, während sie dem Fahrzeug einen Antrieb erteilt. Genau so vermindert jedes Flüssigkeitsteilchen zunächst seine Umfangsgeschwindigkeit $u$, welches es mit dem Turbinenkanal gemeinsam hat, indem es sich von der bewegten Wand abstößt, und so auf diese einen Antrieb überträgt. Soll also z. B. die Ausflußgeschwindigkeit (s. Fig. 13) noch $c_2$ sein, so muß das Teilchen seine anfängliche Geschwindigkeitskomponente in Richtung der Rotation auf den Betrag $c_2 \cos \alpha_2$ verringern, womit also bei einer sekundlich austretenden Masse $\dfrac{G}{g}$ ein Antrieb

$$(4) \qquad \frac{G}{g}(u - c_2 \cos \alpha_2)$$

auf die Wand übertragen wird. Soll aber eine Normalgeschwindigkeit $c_2' = w_2 \cdot \sin \beta_2$ schließlich vorhanden sein, so muß nach Fig. 13

$$(5) \qquad w_2 \cos \beta_2 + c_2 \cdot \cos \alpha_2 = u$$

oder

$$\qquad w_2 \cos \beta_2 = u - c_2 \cdot \cos \alpha \; .$$

Es ist also auch die beim Austritt abgegebene Leistung mit Hilfe der einfachen Formel

$$(6) \qquad L_2 = \frac{G}{g} u \cdot w_2 \cos \beta_2$$

zu berechnen. Man könnte gegen diese Betrachtungsweise einwenden, daß im Turbinenkanal beim Austritt der Flüssigkeit keine Entspannung einzutreten braucht, um ein Abschleudern der Flüssigkeitsteilchen unter Arbeitsabgabe zu ermöglichen, weil die Flüssigkeit im Kanal eben eine große Relativgeschwindigkeit gegen die Schaufelwand besitzt. Tatsächlich wird aber der Übergang des Flüssigkeitsstrahls wegen seiner endlichen Breite nicht für alle Teilchen gerade an der Schaufelspitze, also nicht von einem Punkt aus, erfolgen können. Alle übrigen Teilchen sind daher schon gezwungen, innerhalb des Kanals sich von der Wand abzulösen, und dieses Ablösen ist eben nur möglich, wenn Druckdifferenzen an der Kanalöffnung vorhanden sind. Außerdem wäre es logisch unverständlich, daß eine Energieübertragung, ohne dabei bemerkbare Kräfte möglich sein sollte. Es ist also selbst bei reinen Aktionsturbinen unrichtig zu sagen, der Druck der Flüssigkeit beim Strömen durch den Kanal bleibe der gleiche. Er nimmt unbedingt beim Eintritt in das Rad zu und beim Austritt aus demselben ab. Bei allen Turbinen macht man ja auch die Erfahrung, daß die Abnützung der Schaufeln an den Schaufelspitzen und besonders etwas hinter denselben am größten ist, was beweist, daß an diesen Stellen durch die durch den Stoß vergrößerte Reibung, wie sie sich nach dieser Betrachtung ergibt, die Ursache dieser Abnützung ist. Bei einer so wenig kompressiblen Flüssigkeit, wie Wasser, macht nun allerdings die Art der Betrachtung wenig aus. Bei Gas- und Dampfturbinen muß aber an der getriebenen Schaufel eine weitgehende Schichtung des sich dort verdichtenden Treibmittels eintreten. Der Ausgleich der so erzeugten potentiellen Energie im Kanal hat bei Veränderung der Krümmung der Schaufel große Energieverluste zur Folge, weil diese Energie sich bei Gasen nicht notwendig in Bewegung, sondern in Wärme umsetzt. Wie die Erfahrung ja auch gezeigt hat, ist also die Form der Schaufeln bei der Dampfturbine von wesentlichem Einfluß auf den Wirkungsgrad.

Die vorstehenden Leistungsformeln, zusammengenommen, ergeben ohne weiteres die bekannte Turbinengrundgleichung. Dieselbe läßt sich aber noch eleganter ableiten, wenn man beachtet, daß die Energieteilung, wie gerade auseinandergesetzt, an der Schaufelspitze erfolgt. Ist $\frac{c_1^2}{2g}$ die Energie von 1 kg des zugeführten Treibmittels, $\frac{w_1^2}{2g}$ die in der eingeleiteten Relativbewegung vorhandene Energie und $\frac{u^2}{2g}$ die mit der Fortbewegung der getroffenen Wand erhalten gebliebene Energie, so muß die Differenz, die durch den Stoß auf die Wand übertragene Arbeit darstellen. Also gilt

$$(7) \qquad \frac{c_1^2}{2g} - \frac{w_1^2}{2g} - \frac{u_1^2}{2g} = L_1 \,.$$

Für den Fall des synchronen Arbeitens folgt aus dem Geschwindigkeitsparallelogramm mit den Bezeichnungen der Fig. 12:

$$c_1^2 = u_1^2 + w_1^2 - 2u_1 w_1 \cos(180 - \beta_1) = u_1^2 + w_1^2 + 2u w_1 \cos \beta_1 \,.$$

Dividiert man diese Gleichung durch $2g$ und setzt entsprechend um, so folgt

$$(8) \qquad \frac{c_1^2}{2g} - \frac{u_1^2}{2g} - \frac{w_1^2}{2g} = \frac{2\,u\,w_1\cos\beta_1}{2g}.$$

Mit Gleichung (7) ergibt sich hiernach die an die Schaufel abgegebene Leistung für den Eintritt in das Rad $L_2 = \dfrac{u_1\,w_1\cos\beta_1}{g}$, wie bereits oben abgeleitet.

Ist jetzt der Winkel $\alpha_2$ der Schaufel beim Austritt aus dem Turbinenkanal, wie in Fig. 13, so gilt diesmal für synchrones Arbeiten

$$(9) \qquad c_2^2 = u_2^2 + w_2^2 - 2u_2 w_2 \cos\beta_2.$$

Die Energie im Kanal für 1 kg Flüssigkeit ist $\dfrac{w_2^2}{2g} + \dfrac{u_2^2}{2g}$, während nach dem Austritt noch ein Energiebetrag $\dfrac{c_2^2}{2g}$ vorhanden sein muß. Demnach ist an die Schaufel abgegeben

$$(10) \qquad L_2 = \frac{w_2^2}{2g} + \frac{u_2^2}{2g} - \frac{c_2^2}{2g},$$

Dividiert man Gleichung (10) wieder durch $2g$ und setzt entsprechend um, so folgt durch Vergleich von 9 und 10

$$L_2 = \frac{u_2 w_2 \cos\beta_2}{g},$$

die auf die Schaufel übertragene Leistung.

Addiert man jetzt die für den Eintritt in den Turbinenkanal und für den Austritt aus demselben gefundene Leistung, so folgt die bekannte Turbinengrundgleichung

$$(11) \qquad L = \frac{u_1 \cdot w_1 \cdot \cos\beta_1}{g} + \frac{u_2 \cdot w_2 \cdot \cos\beta_2}{g} \text{ pro 1 kg Treibmittel.}$$

Für die Berechnung von Axialturbinen läßt sich diese Formel ohne weiteres benutzen. Soll jedoch die Absolutgeschwindigkeit des Flüssigkeitsstrahles beim Eintritt und Austritt in die Formel eingeführt werden, so benutzt man die den Geschwindigkeitsverlust in der Drehrichtung aussprechenden oben angegebenen Beziehungen

$$w_1 \cdot \cos\beta_1 = c_1 \cdot \cos\alpha_1 - u_1 \quad \text{und} \quad w_2 \cos\beta_2 = u_2 - c_2 \cos\beta_2,$$

womit die Leistung für eine sekundliche Masse $\dfrac{G}{g}$ aus

$$(12) \qquad L = \frac{G}{g}\,u\,(c_1 \cos\alpha_1 - c_2 \cos\alpha_2) \quad \text{für} \quad u_1 = u_2 = u$$

berechnet werden kann.

Diese Formel ist für Aktions- und Reaktionsturbinen die gleiche. Nur ist bei Aktionsturbinen die Relativgeschwindigkeit im Kanal, wenn auf die Verluste in der Schaufel keine Rücksicht genommen wird, beim Austritt ebenso groß wie beim Eintritt. Bei Reaktionsturbinen ist dagegen die Relativgeschwindigkeit $w_2$ beim Austritt aus der Druckumsetzung, welche die Kanalform zuläßt, zu berechnen.

Um die Formel (11) für Radialturbinen zu verwenden, hat man nur zu beachten, daß die Umfangsgeschwindigkeiten des Rades proportional dem Radius sind, so daß also z. B. bei einer Strömung von innen nach außen $u_1 = r_1 \cdot \omega$ und $u_2 = r_2 \cdot \omega$, womit die Leistung für eine Axialturbine nach dem Ansatz

$$L = \frac{G}{g}\,(u_1 \cdot w_1 \cos\beta_1 + u_2 w_2 \cos\beta_2) \quad \text{für} \quad w_1 = w_2 = w$$

übergeht in

$$(13) \qquad L = \frac{G}{g}\,\omega \cdot w\,(r_1 \cos\beta_1 + r_2 \cos\beta_2).$$

Wie man aus den hier gegebenen Ableitungen deutlich erkennen kann, ist also die Wirkungsweise der gewöhnlichen Turbine gar nicht bestimmt durch die Krümmung der Schaufeln, sondern nur von deren Neigung zum Radumfang beim Eintritt und Austritt aus dem Turbinenkanal abhängig. Die Kraftübertragung auf die Schaufel beruht auch nicht auf der allmählichen Ablenkung des Flüssigkeitsstrahls, sondern wird vielmehr durch Druckdifferenzen in der Flüssigkeit hervorgebracht, die ihre Ursache in der Verzögerung der Flüssigkeitsmasse haben. Die allmähliche Ablenkung des Flüssigkeitsstrahls hat den Zweck, Stauungs- und Wirbelverluste möglichst zu verhindern und vor allem auch einen doppelten Antrieb beim Ein- und Austritt zu erzielen, der ohne vorwärts- und rückwärtsgekrümmte Schaufeln eben nicht möglich wäre.

Die vorstehende Auseinandersetzung war notwendig, um zu zeigen, daß auch beim Zellenrad mit gekrümmten Zellenwänden ein Antrieb auf diese, wie bei gewöhnlichen Turbinen erzielt wird, und zwar sowohl beim Eintritt in das Rad, wie beim Austritt aus demselben. Solange der Flüssigkeitsstrahl, wie in Fig. 12 angedeutet, gegen den Schaufelrücken mit großer Geschwindigkeit trifft, wird eben ein Antrieb auf das Rad übertragen, der sich aus Gleichung (3), wie bei der gewöhnlichen Turbine berechnet. Ebenso wird beim Austritt aus den Zellen ein Antrieb auf die Zellenwände übertragen, der sich nach Formel (6) berechnet, wenn eine relative (theoretische) Austrittsgeschwindigkeit $w_2$ vorhanden ist. Da nun der Winkel $\beta$ beim Zellenrad für den Eintritt und Austritt gleich groß ist, so wird die Berechnung der gesamten Leistung des Rades für alle Eintritts- und Austrittsstellen sehr einfach, besonders wenn auch noch die Relativgeschwindigkeit und die sekundlich ein- und austretende Masse überall gleich groß ist. Man braucht dann nur die Zahl aller Füll- und Entleerungsstellen mit dem Wert $\dfrac{G}{g} u \cdot w \cos \beta$ zu multiplizieren, um die gesamte beim Eintritt und Austritt abgegebene Leistung zu erhalten.

## 16. Die Wirkungsweise des Zellenrades.

Bei gewöhnlichen Turbinen kann die an das Laufrad abgegebene Leistung höchstens den durch die Formel (11) im Kapitel 15 angegebenen Wert erreichen. Auch das Zellenrad würde, wenn das Treibmittel nur eine so wenig elastische Flüssigkeit wie Wasser wäre, höchstens schlechtere Leistungen aufweisen, weil dann die als Relativströmung in den Kanal eintretende Energie in ihm durch den Stoß zum größten Teil verloren ging, indem sich die Flüssigkeitswucht in Wärme umsetzen würde. Die Flüssigkeit müßte dann durch die Zentrifugalwirkung des laufenden Rades wie aus einer rotierenden Pumpe unter Arbeitsverbrauch wieder herausgeschleudert werden, so daß ein solches Rad nur wenig nützliche Arbeit

liefern würde. Ganz anders aber liegen die Verhältnisse, wenn das Zellenrad mit so vollkommen elastischen Flüssigkeiten arbeitet, wie es die Gase
und Dämpfe sind. Der ins Rad eintretende Flüssigkeitsstrahl verliert
dann zwar auch seine Relativgeschwindigkeit längs der Schaufelwand.
Diese setzt sich aber allmählich bei richtiger Formgebung der Zellen in
Druck um und der dabei zwischen der Zellenöffnung und dem
Boden erzeugte Druckunterschied liefert einen weitern Antrieb für das Rad, und zwar unter Verbrauch von potentieller
Energie des Gases oder Dampfes. Diese potentielle Energie ist aber
identisch mit dem Wärmeinhalt des Gases oder Dampfes, und somit hat
man hier die erwünschte direkte Umsetzung von Wärme in Arbeit vor
sich. Beim Austritt aus den rotierenden Zellen wird das Gas oder der
Dampf bei genügend kleinem Außendruck unter Dehnung des Inhalts
mit hoher Geschwindigkeit aus den Zellen herausgeschleudert. Auch
hierbei wird eine Druckdifferenz zwischen dem Boden und der Öffnung
der Zellen entstehen, welche einen direkten Antrieb durch die potentielle
Energie des Gases auf das Rad ermöglicht. Es handelt sich also beide Male
um die in den Kapiteln 7—14 besprochenen Ausgleichvorgänge; nur sind
hier die Vorgänge durch die Drehung des Rades und durch die Krümmung
der Schaufeln noch weit komplizierter. Es ist vielleicht ausgeschlossen,
daß sie je vollständig durch die Rechnung kontrolliert werden können,
besonders wenn man beachtet, daß der Einfluß der Zellenwände, welche
Wärme aufnehmen und abgeben, die Untersuchungen außerordentlich
schwierig macht. Es läßt sich aber jedenfalls voraussagen, daß bei richtigen Abmessungen der Zellen, bei richtiger Krümmung der Zellenwände
und bei passender Drehzahl des Rades in den Zellen eine genau solche,
ideal wirkende Schichtung des elastischen Treibmittels herstellbar sein
wird, wie bei den geradlinig bewegten Gassäulen in Kap. 14 und 15. Es
wird also insbesondere der Fall realisierbar sein, daß durch den Ausgleichvorgang im ein- oder ausströmenden Treibmittel, zwischen Boden und
Öffnung der Zellen große, treibend wirkende Druckdifferenzen während
der Rotation des Rades dauernd aufrechterhalten werden. Hiermit muß
aber eine solche Turbine mehr leisten als eines der bekannten Systeme,
weil sie nun außer dem Drehmoment, welches sie durch die ein- und ausströmenden Massen, wie eine gewöhnliche Turbine, an den Schaufelspitzen
erfährt, auch noch einen direkten Antrieb erhält durch den Unterschied
des Gasdrucks in den Radzellen zwischen Boden und Mündung. Letztere
Kraftwirkung wird außerdem der Molekularenergie der Gase direkt entnommen.

Ich habe auch versucht, aus den Grundgleichungen für die Bewegung
von Flüssigkeiten von Euler und aus den Lehren der Dynamik für die
Relativbewegung, Regeln für die günstigste Gestalt der Zellenwände
abzuleiten. Diese grundlegenden Betrachtungen lassen erkennen, daß
die Zellen jedenfalls nach Spiralen höherer Ordnung gekrümmt sein
müssen. Wenn nun auch diese Betrachtungen kein einfach zu deutendes

Resultat ergeben haben, so will ich sie doch im Auszug anführen, in der Hoffnung, daß vielleicht bessere Mathematiker auf den eingeschlagenen Pfaden zu brauchbaren Resultaten gelangen.

Die Eulerschen Differentialgleichungen für die Bewegung von Flüssigkeiten lassen sich in Zylinderkoordinaten für eine Bewegung vom Ursprung nach außen für die Radial-, Tangential- und für die Axialbewegung wie folgt anschreiben:

$$(1) \qquad \varrho \left( \frac{d v_r}{d t} - \frac{v_t^2}{r} \right) = R - \frac{\partial p}{\partial r} \; ;$$

$$(2) \qquad \varrho \cdot \frac{1}{r} \frac{d\,(v_t \cdot r)}{dt} = T - \frac{1}{r} \cdot \frac{\partial p}{\partial \varphi} \; ;$$

$$(3) \qquad \varrho \frac{\partial v_z}{d t} = z - \frac{\partial p}{\partial z} \; .$$

Betrachtet man aber nur eine ebene Bewegung, welche Betrachtung für eine Radialturbine von gleicher Radhöhe zutrifft, so kann eine Bewegung in der Z-Richtung nicht auftreten, und die dritte Gleichung fällt weg. Denkt man sich ferner das Rad um eine vertikale Achse drehbar, so scheiden auch die von einem Potential ableitbaren Massenkräfte $R$ und $T$ aus, und es bleiben die beiden Gleichungen (1) und (2) in der Form:

$$(4) \qquad \varrho \left( \frac{d v_r}{d t} - \frac{v_t^2}{r} \right) = - \frac{\partial p}{\partial r} \; ;$$

$$(5) \qquad \varrho \cdot \frac{1}{r} \cdot \frac{d\,(v_t \cdot r)}{dt} = - \frac{1}{r} \cdot \frac{\partial p}{\partial \varphi} \; .$$

Hierin bedeutet $v_r$ die Radialgeschwindigkeit und $v_t$ die Tangentialgeschwindigkeit des Massenteilchens der Flüssigkeit; $p$ ist der Druck der Flüssigkeit an der betreffenden Stelle, $\varrho$ die spezifische Masse, $\varphi$ der Drehwinkel im Sinne der Tangentialgeschwindigkeit von einer Anfangsstellung aus gemessen. Dreht sich die Turbine mit konstanter Winkelgeschwindigkeit $\omega$, so kann $v_t = c \cdot \omega \cdot r$ gesetzt werden. Hiermit ist gesagt, daß das Flüssigkeitsteilchen stets eine der Umfangsgeschwindigkeit des berührten Punktes der Schaufel proportionale Tangentialgeschwindigkeit hat. Diese Annahme verlangt, daß die Verdichtung oder Verdünnung des Treibmittels an der Schaufelwand immer in gleichem Maße erfolgt. Setzt man noch für $v_r = \dfrac{dr}{dt}$, also $\dfrac{d v_r}{dt} = \dfrac{d^2 r}{dt^2}$ in die obigen Gleichungen (4) und (5) ein, so ergibt sich mit Berücksichtigung von $\dfrac{d\,(v_t \cdot r)}{dt}$, worin $v_t = c \cdot \omega \cdot r$, während $c$ eine Konstante bedeutet:

$$(6) \qquad \frac{d^2 r}{dt^2} - c^2 \cdot \omega^2 \cdot r = - \frac{1}{\varrho} \cdot \frac{\partial p}{\partial r} \; ;$$

$$(7) \qquad 2\,\omega c \cdot \frac{dr}{dt} = - \frac{1}{\varrho} \cdot \frac{\partial p}{r \cdot \partial \varphi} \; .$$

Addiert man nun Gleichung (6) und (7), so folgt:

$$(8) \qquad \frac{d^2 r}{dt^2} + 2\,\omega c \cdot \frac{dr}{dt} - c^2 \cdot \omega^2 r = - \frac{1}{\varrho} \cdot \left( \frac{\partial p}{\partial r} + \frac{\partial p}{r \cdot \partial \varphi} \right) .$$

Für eine Bewegung von außen nach innen würde dagegen folgen:

$$(9) \qquad \frac{d^2 r}{dt^2} + 2\,\omega c\,\frac{dr}{dt} + c^2 \cdot \omega^2 \cdot r = - \frac{1}{\varrho} \left( \frac{\partial p}{\partial r} + \frac{\partial p}{r \cdot \partial \varphi} \right) .$$

Aus letzterer Gleichung ist sofort klar, daß die Zentrifugalkraft, welche sich in der Beschleunigung $c^2\,\omega^2\,r$ ausdrückt, der Strömung entgegen wirkt, so daß ein größerer Druckverbrauch erforderlich wird, um die Flüssigkeit ins Radinnere zu bewegen.

Die linke Seite der Gleichung stellt eine höchst einfache Differentialgleichung zweiter Ordnung dar. Die rechte Seite muß sich also unbedingt auch als totaler Differentialquotient darstellen lassen. Die Druckkräfte radial und tangential müssen sich ja nach den Lehren der Mechanik unbedingt addieren lassen, und zwar muß die hierdurch gebildete Resultierende in die Richtung der wirklichen Bewegung fallen. Die Bahn $s = f(r, \varphi)$, welche das Flüssigkeitsteilchen beschreibt, läßt sich schließlich natürlich auch als eine Funktion der Zeit darstellen. Wäre also die Summe

$$\frac{\partial p}{\partial r} + \frac{\partial p}{r \cdot \partial \varphi} = \frac{dp}{ds}$$

bekannt und ebenso die Funktion $\dfrac{1}{\varrho}\dfrac{dp}{ds}$ , so würde sich, weil auch $p$ und $\varrho$ selbst Exponentialfunktionen des Ortes und somit auch der Zeit sein müssen, die Differentialgleichung (8) und (9) in der Form

$$(10) \qquad \frac{d^2 r}{dt^2} + A\,\frac{dr}{dt} \pm B \cdot r = -C \cdot e^{mt}$$

darstellen lassen, deren Lösungen nach $r$ dann unbedingt als Summen von Exponentialfunktionen der Zeit bzw. des Drehwinkels darstellbar werden. Die absoluten Bahnen der Flüssigkeitsteilchen ergeben somit Spiralen höherer Ordnung.

Setzt man die beiden Seiten der Differentialgleichung (10) gleich Null, so wird diese Gleichung, und zwar jede Seite derselben für sich, befriedigt durch den Ansatz

$$p = r^m \cdot e^{-m\varphi}.$$

Es müssen dabei der Radius $r$ und der Drehwinkel $\varphi$ unabhängige Variable sein, damit auch die Differentialgleichung 2. Ordnung $\dfrac{d^2 r}{dt^2} + 2\,\omega c \cdot \dfrac{dr}{dt} \pm c^2\,\omega^2 \cdot r = 0$ befriedigt ist. Es stellt also diese partikuläre Lösung eine logarithmische Spirale dar, welche speziell für $m = -1$ einen Neigungswinkel von $45°$ zu allen Radien besitzt.

Unter Annahme bestimmter Gesetze für die Schaufelgestalt und mit Berücksichtigung der Kontinuitätsgleichung läßt sich die Aufgabe für gewöhnliche Turbinen weiter behandeln.

Es stellt sich dabei heraus, daß Wirbelfreiheit bei den üblichen Schaufelformen überhaupt nicht eintreten kann, und daß der Druck an den Schaufelwänden fortwährenden Veränderungen unterliegt, wodurch insbesondere bei Dampfturbinen große Energieverluste in den Turbinenkanälen verursacht werden. Für den Fall des geschlossenen Zellenrades hat aber die Kontinuitätsgleichung keine Berechtigung, weil die Größe der Radialströmung bei der Füllung der Zellen nach innen abnimmt, während sie bei der Entleerung derselben nach außen mit der wachsenden Geschwindigkeit zunimmt. Obwohl ich viel Mühe aufgewendet habe, eine den Verhältnissen gerecht werdende Lösung der Gleichungen (8) und (9) zu finden, so ist es mir doch nicht geglückt, eine den Anforderungen hinreichend genügende Form zu finden. Vielleicht hätte auch eine solche Lösung keine große praktische Bedeutung, da die ganzen Betrachtungen nur für Flüssigkeitsfäden ohne Querschnittausdehnung gelten, während beim Zellenrad, wie bei den gewöhnlichen Turbinen auch, die Kanalweiten von wesentlichem Einfluß sind.

Man macht sich viel leichter durch eine graphische Darstellung eine deutliche Vorstellung von den wirklichen Vorgängen. In Fig. 14 ist die Verdichtung des Inhalts bei der Füllung des Zellenrades dargestellt. Die ausgezogenen Kurven repräsentieren die Zellenwände. Sie sind selbst nach logarithmischen Spiralen gekrümmt, und zwar mit dem Winkel $90 - \beta$ gegen alle Radien geneigt, den sie auch nach der Konstruktion des Parallelogramms für synchrones Arbeiten haben müssen. Von der Absolutbewegung der elastischen Flüssigkeit ist angenommen, daß sie ebenfalls, wenigstens ungefähr, nach einer logarithmischen Spirale erfolgt, deren Neigungswinkel $\alpha$ gegen die Radien ungefähr gleich dem Eintrittswinkel $\alpha_1$ sein möge. Die punktierten Linien stellen also eine Reihe solcher Flüssigkeitsfäden während ihres Eintritts in das Rad dar. Ihr Abstand kann als Maß für die eintretenden Mengen betrachtet werden. Die notwendig eintretende Verdichtung läßt sich dann als Trajektorien zur absoluten und zur Relativbewegung darstellen, und da die Verdichtung mit der Zeit und dem Ort nach innen zunimmt, so rücken diese strichpunktierten Linien nach innen allmählich einander näher. Der Abstand dieser Linien kann dabei als Maßstab für die Einheit des Druckes dienen, so daß die Zahl der Linien, welche auf eine Zellenlänge entfällt, die Zahl der Atmosphären darstellt, die in der Zelle auftreten. Diese Linien sind also nicht Linien gleichen Drucks, sondern sie zeigen nur, ähnlich wie ein magnetisches Kraftlinienbild, den wachsenden Druck durch die Annäherung der Linien. In Fig. 15 ist der Vorgang während des Ausflusses aus dem Zellenrad dargestellt. Die Schaufeln haben die gleiche Gestalt, weil diese Zeichnung den Austritt aus demselben Zellenrad darstellen soll, dessen Füllung gerade beschrieben wird. In der Stellung $AA$ und $BB$ der ersten Zelle sei der Gasdruck entsprechend den 10 dort gezeichneten strichpunktierten Drucklinien am Boden der Zelle etwa 10 atm und nehme nach außen bis auf ein hohes Vakuum ab. In der letzten gezeichneten Stellung $CC$ der Zellen sei der Druck innen etwa 6 atm, während das Vakuum außen

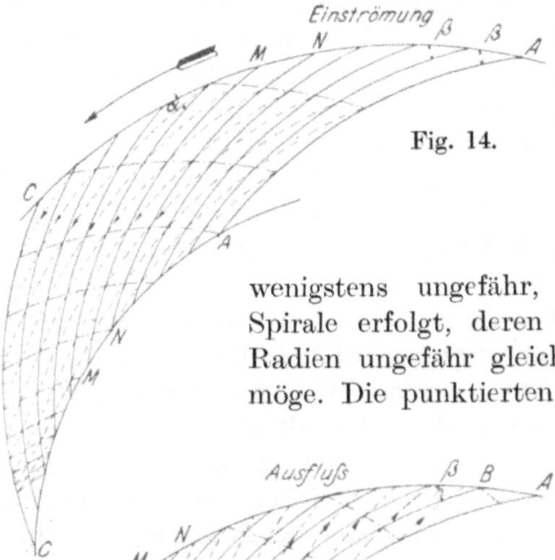

Fig. 14.

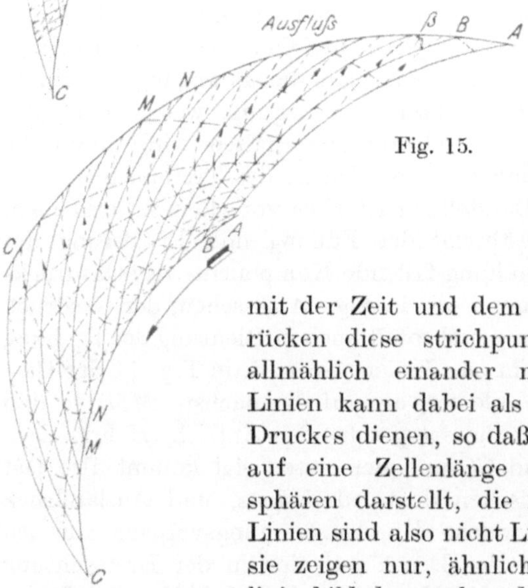

Fig. 15.

das gleiche sein soll. Die Trajektorien, welche den Druckverlauf darstellen, sind also hier deutlich keine Linien gleichen Drucks; ihr Abstand voneinander gibt wiederum nur durch seine Vergrößerung die Druckabnahme in den Zellen des Rades an. Die gestrichelten Linien zeigen wieder die Absolutbewegung der ausströmenden, elastischen Flüssigkeit, und man sieht, daß es sehr wohl möglich ist, eine ziemlich gleichmäßige Ausströmung am Umfang des Rades zu erreichen, wenn nur der Außendruck dauernd hinreichend klein ist. Die Trajektorien des Drucks können beide Male ebenso gut als Maß für die Dichteänderung des Gases gedeutet werden, und zwar kann der Inhalt eines kleinen, von ihnen und von den Zellenwänden begrenzten Parallelogramms, als der Raum für die Gewichtseinheit gedeutet werden. Die Fig. 14 und 15 zeigen dann gleichzeitig die Veränderung des spezifischen Volumens in der Maschine. Besonders bemerkenswert ist nun, daß die ideale Maschine mit unendlich vielen Zellen und mit unendlich vielen Eintritts- und Austrittskanälen, genau wie eine gewöhnliche Turbine mit kontinuierlichem Durchfluß, in jedem Augenblick dasselbe Bild zeigt. Die gesamten Vorgänge sind dann stationär, also von der Zeit unabhängig, während die Gestalt aller Kurven von der Winkelgeschwindigkeit des Rades und von den Strömungsgeschwindigkeiten, die für sich von der Molekulargeschwindigkeit des Gases abhängt. Die ganze Gasmasse befindet sich, wenn man die Bewegung außerhalb des Rades dazunimmt, in einer zyklischen Bewegung, welche trotz der Energieabgabe an das Rad dauernd aufrechterhalten wird durch die Wärmezufuhr bei der Erzeugung des Hochdrucks des Treibmittels.

Aus dieser zeichnerischen Darstellung ist aber vor allem zu erkennen, daß auf die Schaufelwände während der Füllung und Entleerung der Zellen eine in Richtung der Drehung fallende Komponente des Gasdrucks direkt übertragen wird. Es nimmt, wie in Fig. 14 zu sehen, der Gasdruck in Richtung der Absolutbewegung und somit auch in Richtung der Drehung bis zu einem gewissen Maximum zu. Es ist also z. B. in Fig. 14 der Gasdruck auf die Zellenwand $NN$ kleiner, als auf die nächste $MM$, so daß letztere einen dieser Druckdifferenz entsprechenden Antrieb erfährt. Zwischen der letzten Schaufelwand $CC$ und der ersten $AA$ kommt also fast das gesamte Druckgefälle zwischen dem Admissions- und Auslaßdruck zur Wirkung. In der Fig.15, welche den Ausströmungsvorgang aus den Zellen darstellt, ist umgekehrt der Druck auf eine in der Drehrichtung zurückliegende Schaufel, z. B. auf $NN$, größer als auf $MM$, so daß also ebenso zwischen zwei Zellen ein nützlicher Arbeitsdruck besteht. Auch hier kommt bei nahezu vollständiger Entleerung der Zellen fast das gesamte in der Maschine vorhandene Druckgefälle zur Wirkung.

## 17. Betrachtung der Vorgänge im Zellenrad auf Grund der Lehre von der Relativbewegung.

Einen besseren Einblick in die Verhältnisse bei der Übertragung des Arbeitsdruckes auf die rotierende Turbinenschaufel ermöglicht der Satz von Coriolis über die Relativbewegung. Die Grundgleichung für die Relativbewegung, mit Vektoren geschrieben, ist:

$$(1) \qquad \mathfrak{P} = m \left( \frac{d\,\mathfrak{w}}{d\,t} + \frac{d^2\,\mathfrak{p}}{d\,t^2} + 2\,V\mathfrak{w} \cdot \mathfrak{u} \right),$$

in welcher $\mathfrak{P}$ die physikalisch wirksame Kraft, $m$ die Masse des die Bahn beschreibenden Körpers, $\dfrac{d\,\mathfrak{w}}{d\,t}$ die Relativbeschleunigung, $\dfrac{d^2\,\mathfrak{p}}{d\,t^2}$ die Fahrzeugbeschleunigung, $\mathfrak{w}$ die Relativgeschwindigkeit des bewegten Körpers im Fahrzeug und $\mathfrak{u}$ die Winkelgeschwindigkeit des Fahrzeuges bedeutet. Da das Fahrzeug ein Turbinenrad mit gleichförmiger Winkelgeschwindigkeit $\omega$ sein soll, so läßt sich die Gleichung unter Berücksichtigung des Umstandes, daß es sich bei einem Zellenrad um eine ebene Bewegung handelt, beträchtlich vereinfachen. Es wird $\dfrac{d^2\,\mathfrak{p}}{d\,t^2} = \omega^2\mathfrak{r}$, während die Corioliskraft $2\,V\mathfrak{v}\mathfrak{u} = 2\,\mathfrak{w}\,\omega$ gesetzt werden kann, da der Vektor der Winkelgeschwindigkeit $\mathfrak{u}$ senkrecht zur Ebene der Bewegung steht. Als bewegte Masse ist eine Flüssigkeitsschicht in Richtung der Absolutbewegung zu nehmen. Denkt man nur an einen Flüssigkeitsfaden ohne Querausdehnung, so hat das Flüssigkeitselement, mit der Masse $\varrho$ pro Längeneinheit, bei der Länge $d\,\mathfrak{s}$ des Elementes die Masse $\varrho \cdot d\,\mathfrak{s}$. Die zwischen zwei Schichten vom Abstand $d\,\mathfrak{s}$ wirksame Kraft ist die Druckdifferenz $d\,p$ in der Flüssigkeit, wobei deren Druck einfach $p$ ist, weil er an jeder beliebigen Stelle nach allen Seiten gleich groß und somit als richtungslose Größe anzugeben ist. Die Richtung der Kraft ist also durch das Verhältnis $\dfrac{d\,p}{d\,\mathfrak{s}}$ gegeben. Bringt man also die Masse $m = \varrho \cdot d\,\mathfrak{s}$ in Gleichung (1) auf die andere Seite, so läßt sich schreiben

$$(2) \qquad -\frac{1}{\varrho} \cdot \frac{d\,p}{d\,\mathfrak{s}} = \frac{d\,\mathfrak{v}}{d\,t} + 2\,\mathfrak{w} \cdot \omega + \omega^2 \cdot \mathfrak{r}$$

für eine Strömung von außen nach innen und

$$(3) \qquad -\frac{1}{\varrho} \frac{d\,p}{d\,\mathfrak{s}} = \frac{d\,\mathfrak{v}}{d\,t} + 2\,\mathfrak{w} \cdot \omega - \omega^2 \cdot \mathfrak{r}$$

für die Strömung von innen nach außen. Das Minuszeichen von $d\,p$ zeigt, daß die Beschleunigungen nur eintreten, wenn der Druck abnimmt.

Die Relativgeschwindigkeit an einer beliebigen Stelle läßt sich nun wieder in eine radiale $\dfrac{d\,\mathfrak{r}}{d\,t}$ und eine tangentiale $\dfrac{d\,\mathfrak{a}}{d\,t}$ zerlegen. Es ist also die Beschleunigung

$$(4) \qquad \frac{d\,\mathfrak{v}}{d\,t} = \frac{d^2\,\mathfrak{r}}{d\,t^2} + \frac{d^2\,\mathfrak{a}}{d\,t^2}.$$

Natürlich läßt sich auch der wirksame Flüssigkeitsdruck $\dfrac{d\,p}{d\,\mathfrak{s}}$ einfach in eine radiale und in eine tangential gerichtete Komponente spalten, und somit kann die Differentialgleichung in zwei getrennte, wie folgt, zerlegt werden:

$$(5) \qquad -\frac{d\,p}{\varrho\,d\,\mathfrak{r}} = \frac{d^2\,\mathfrak{r}}{d\,t^2} + 2\,\frac{d\,\mathfrak{r}}{d\,t}\,\omega \pm \omega^2\mathfrak{r}$$

und

$$(6) \qquad -\frac{d\,p}{\varrho\,d\,\mathfrak{a}} = \frac{d^2\,\mathfrak{a}}{d\,t^2} + 2\,\frac{d\,\mathfrak{a}}{d\,t} \cdot \omega.$$

Bildet man aus den Vektoren $\mathfrak{r}$ und $\mathfrak{a}$ die Produkte

$$\mathfrak{r} = \mathfrak{i} \cdot r \quad \text{und} \quad \mathfrak{a} = \mathfrak{j} \cdot a,$$

worin $\mathfrak{i}$ und $\mathfrak{j}$ die Vektoreinheiten und $r$ bzw. $a$ die Skalaren bedeuten, so lassen sich diese Gleichungen auch nur für die Skalarwerte anschreiben, weil die Vektoreinheiten, auf eine Seite gebracht, im Quadrat erscheinen, deren Wert aber gleich der Einheit ist. Man kann also auch schreiben:

$$(7) \qquad -\frac{dp}{\varrho\, dr} = \frac{d^2 r}{dt^2} + 2\frac{dr}{dt}\cdot\omega \pm \omega^2 r$$

und

$$(8) \qquad -\frac{dp}{\varrho\, da} = \frac{d^2 a}{dt^2} + 2\frac{da}{dt}\cdot\omega.$$

Die relative Radialgeschwindigkeit kann z. B. bei der Strömung nach außen und bei Rechtsdrehung des Rades gleich dem negativen Wert der Umfangsgeschwindigkeit in dem gerade berührten Punkt der Schaufel sein. Bei Innenströmung kann sie gleich der Umfangsgeschwindigkeit im gerade berührten Punkt, und zwar in Richtung des Drehsinnes sein. Dann findet beide Male augenscheinlich keine Druckänderung an der Schaufelwand statt, weil die Masse, absolut genommen, in Richtung der Schaufel ruht. Sie kann aber auch in beiden Fällen ein bestimmtes Vielfaches der Umfangsgeschwindigkeit sein, und zwar kann dieses Verhältnis während der Strömung durch den Kanal konstant sein. In allen diesen Fällen lassen sich die beiden Gleichungen wieder addieren, und die rechte Seite wird dann stets eine einfache Differentialgleichung zweiter Ordnung. Die Berechnung der linken Seite setzt dann aber stets die Kenntnis der Zustandsänderung des Gases längs des Absolutweges desselben voraus. Diese Zustandsänderung ist aber selbst von der absoluten Bahn und besonders von der Geschwindigkeit, mit welcher dieselbe beschrieben wird, also auch von der Krümmung der Schaufelwand, abhängig. Andererseits ist die Größe $\dfrac{dp}{\varrho\cdot ds}$, weil es sich bei der Füllung und Entleerung der Zellen mit elastischen Treibmitteln um einen Ausgleichvorgang handelt, sowohl eine Funktion der Zeit und des Weges, genau wie bei der bewegten Gassäule. Die linke Seite läßt sich also schließlich, da der Weg zuletzt doch wieder von der Zeit abhängt, als eine Exponentialfunktion der Zeit darstellen. Es muß sich also der Radius aus einer Differentialgleichung

$$A\cdot e^{nt} = \frac{d^2 r}{dt^2} + B\frac{dr}{dt} + C\cdot r$$

bestimmen lassen. Die Lösung ist dann eine Spirale höherer Ordnung, weil $t$ sich schließlich durch den Drehwinkel $\varphi$ nach der Beziehung $\varphi = \omega t$ ausdrücken läßt. Hiermit ist gezeigt, daß die Gestalt der Schaufel eine Spirale höherer Ordnung sein muß, weil in der Rechnung der Radius $r$ auf die Relativbewegung bezogen ist. Genaue Rechnungen dieser Art haben jedoch wenig praktischen Wert, und auch hier geht Probieren über Studieren, weil alle diese Rechnungen nur eindimensionale Flüssigkeitsfäden zur Voraussetzung haben, während es sich in den Zellen um Flüssigkeitsstrahlen von der Breite der Kanäle handelt. In diesen treten notwendig, wie in gewöhnlichen Turbinen auch, Wirbelbewegungen auf, welche Verluste hervorbringen. Überdies kommt gerade beim Zellenrad der Einfluß der Wandungen wegen der großen Temperaturdifferenzen ganz besonders in Betracht, und dieser Einfluß läßt sich wohl kaum mit genügender Genauigkeit rechnerisch fassen. Der Einfluß der Wärmebewegung zu und von der Zellenwand ist übrigens, wie hier hervorgehoben werden soll, für den Wirkungsgrad der Maschine kaum von Nachteil. Der einströmende Dampf ist bekanntlich um so wärmer, je höher sein Druck ist. Während der Einströmung wird also Wärme an die Wandungen abgegeben, so daß also eine Verdichtung mit Wärmeentziehung erfolgt, die eine größere Fülleistung bewirkt. Umgekehrt wird bei der Entleerung der Zellen Wärme der Wandungen an die sich durch Expansion abkühlenden Gase übertragen, wodurch ebenfalls eine Vergrößerung der Nutzleistung bewirkt wird.

Regeln zur Bestimmung der günstigsten Gestalt der Radzellen lassen sich aus diesen Betrachtungen nur im großen ganzen folgern. An den Eintritts- und Austrittsstellen muß die Neigung der Zellenwände jedenfalls nach den Regeln für synchrones Arbeiten bestimmt werden. Beachtet man aber, daß die Zustandsänderung für die Relativbewegung allein nur darin bestehen soll, die Geschwindigkeit der relativen Bewegung im Kanal in Druck zu verwandeln, so erkennt man, daß eine der jeweiligen Umfangsgeschwindigkeit proportionale Schichtung dann eintritt, wenn das Gesetz

$$-\int v\,dp = c \cdot \frac{u^2}{2g}$$

erfüllt ist. Hierin bedeutet $u$ die Umfangsgeschwindigkeit des Rades an der betreffenden Stelle. In einem radialen, rotierenden Kanal tritt andererseits eine Schichtung des Druckes von innen nach außen zunehmend unter dem Einfluß der Fliehkraft bei relativer Ruhe des Gases ein, für welche gilt:

$$-\int v\,dp = \frac{u_2^2 - u_1^2}{2g} \quad \text{oder} \quad -\int v\,dp = \frac{r^2 \cdot \omega^2}{2g}\Big]_1^2 \quad \text{oder als Differential} \quad -\frac{g\,v\,dp}{dr} = r \cdot \omega^2 \cdot c$$

und schließlich

$$-\frac{1}{\varrho}\frac{dp}{dr} = r \cdot \omega^2 \cdot c \left(\text{weil } g \cdot v = \frac{1}{\varrho}\right).$$

Soll nun während der Rotation des Kanals noch eine Strömung der Gasmasse eintreten, so kann man verlangen, daß die Druckänderung proportional der Zentrifugalbeschleunigung $r \cdot \omega^2$ sein soll. Damit folgt aber aus der Gleichung für die radiale Relativbewegung

$$\frac{d^2 r}{dt^2} + 2\omega\frac{dr}{dt} \pm \omega^2 \cdot r = -\frac{1}{\varrho} \cdot \frac{dp}{dr} = c \cdot r \cdot \omega^2 \quad \text{oder} \quad \frac{d^2 r}{dt^2} + 2\omega\frac{dr}{dt} \pm \omega^2 \cdot r\,(1 \pm c) = 0.$$

Die Lösung dieser Gleichung hat die Form

$$r = e^{\pm\, m\,\omega\, t} = e^{\pm\, m\,\varphi},$$

d. h. die Gestalt der Kurve, nach welcher unter den gegebenen Voraussetzungen die Schaufelwand gekrümmt sein soll, ist eine logarithmische Spirale, so lange für $m$ nur reelle Werte vorkommen. Da die Kurve wegen des synchronen Eintritts aber am Anfang den Neigungswinkel $90 - \beta$ gegen den Radius haben muß, so muß derselbe, wenn die Schaufel gleichmäßig gekrümmt sein soll, auch in allen Stellungen der Schaufel beibehalten werden. Es wird sich also empfehlen, so lange nicht größere Erfahrungen vorliegen, die Zellenwände nach logarithmischen Spiralen mit dem konstanten Neigungswinkel der Relativgeschwindigkeit, den diese nach dem Geschwindigkeitsparallelogramm gegen den Radius besitzt, zu gestalten.

## 18. Für praktische Zwecke vereinfachte Berechnung von Zellenturbinen.

Um zu einigermaßen greifbaren Rechnungsunterlagen für die in der Theorie so komplizierte Maschine zu gelangen, ist es zunächst notwendig, von der Rotation der Radzellen abzusehen. Bei großen Turbinenrädern der gekennzeichneten Bauart kommt auch die Drehung der Zellen und die Krümmung der Schaufeln nicht so sehr in Betracht; überdies muß sich die störende Wirkung der Zentrifugalkraft bei der Füllung und Entleerung derselben, zusammen genommen, doch wieder aufheben, so daß die nachfolgend beschriebene schematische Anordnung vielleicht genügt, um die Vorgänge wenigstens zur Gewinnung von Konstruktionsunterlagen in einfacher Weise zu studieren. In Fig. 16 sind, statt eines rotierenden Zellenrades, zwei geradlinig gegeneinander sich bewegende Zellenreihen gezeichnet, die, gegen die Bewegungsrichtung unter gleichen Winkeln geneigt, oben nach rechts, unten nach links fortschreiten. Man könnte sich die Zellen an einer endlosen Kette befestigt denken, so daß eine einem Paternosterwerk ähnliche Vorrichtung entsteht. Sind die Zellen

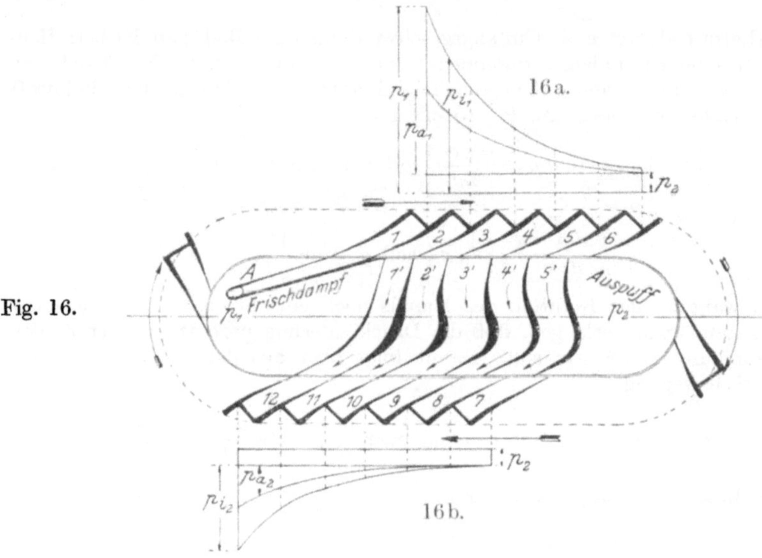


Fig. 16.

oben rechts in die Stellung 6 gelangt, so mögen sie durch eine Wendevorrichtung nach 7 gebracht werden, von wo sie dann nach links bis zur Stellung 12 geradlinig weiter laufen. Hier seien sie dann neuerdings über eine Wendevorrichtung geleitet, so daß sie schließlich in der Stellung 1 immer wieder vor die Frischdampfdüse $A$ treten. Auf dem Weg 1 bis 6 entleeren sie sich in die Leitkanäle $1'$, $2'$, $3'$, $4'$, während sie auf dem Weg 7 bis 12 allmählich wieder gefüllt werden. Beim Überführen von 6 nach 7 soll sich der letzte Rest der Füllung in den Auspuff entleeren, während bei der Wendung von 12 nach 1 die Füllung und die Druckschichtung in der Zelle vollständig erhalten bleiben soll, so daß durch die Düse $A$ nur noch die ergänzende Frischdampffüllung vorgenommen wird.

Die Druckverteilung in den Zellen der Maschine entspricht dann ungefähr dem darüber und darunter gezeichneten Diagramm (16a und 16b).

Bei der Füllung durch die Frischdampfdüse muß jedenfalls erstrebt werden, die Verhältnisse so zu treffen, daß am Boden der Zelle, ehe sie in die Stelle 2 gelangt, der Admissionsdruck vor der Frischdampfdüse ungefähr wieder erreicht wird. Es soll sich also die große, bei Beginn der

Füllung vorhandene Relativgeschwindigkeit während des Fortschreitens derselben um die Zellenteilung in Druck umsetzen. Wenn der Druck $p_{a1}$ an der Mündung der Zelle beim Beginn der Einströmung entsprechend klein war, so hat der Dampf beim Ausfluß aus der Düse jedenfalls eine hohe Geschwindigkeit. Trotzdem wird bei mäßiger Umfangsgeschwindigkeit bzw. mäßiger Translationsgeschwindigkeit der Zellen (in der Anordnung nach Fig. 16) die Arbeitsabgabe an das Rad beim Eintritt in die Zelle nicht sehr beträchtlich, und somit ergibt sich eine Relativgeschwindigkeit in der Zelle, welche nicht sehr viel kleiner ist als die Ausflußgeschwindigkeit aus der Düse selbst. Setzt sich also diese Geschwindigkeit in der Radzelle dann in Druck um, so muß also wirklich der Admissionsdruck beinahe wieder erreicht werden. Beim Überleiten der Zellen von 6 nach 7 entleeren sie sich fast vollständig bis auf den Gegendruck $p_2$ im Auspuffraum. Es wird also, weil sich die oberen Zellen durch die Leitkanäle in die gegenlaufenden unteren Zellen entleeren, der Überdruck $p_{a6}$ in der Stellung 6 oben nicht sehr viel über dem Auspuffdruck liegen, während auch der Druck am Boden dieser Zelle $p_{i6}$ nicht allzu weit von diesem Mündungsdruck abweicht. Es findet also in allen Zellen oben eine den gezeichneten Kurven $p_{i1}$ und $p_{a1}$ entsprechende, von der augenblicklichen Stellung abhängige Druckabnahme statt. Das Verhältnis $\dfrac{p_i}{p_a}$ des Bodendrucks $p_i$ zum Mündungsdruck $p_a$ muß dabei ungefähr konstant bleiben, damit die relative Ausflußgeschwindigkeit $w_1$ an allen Stellen ungefähr gleich groß wird. Da nun die unten nach links laufenden und sich füllenden Zellen an ihrer Mündung stets einen kleineren Druck $p_{a2}$ besitzen müssen als die oben sich entleerenden, so wird die Geschwindigkeit in den Leitkanälen zunehmen. Wegen der vorteilhaften Raumausnützung wird es dabei, insbesondere bei innen beaufschlagten Rädern (wie es Fig. 3 und 4 zeigt), notwendig werden, die Kanäle nicht mit konstantem Querschnitt, sondern mit zuerst abnehmendem und dann wieder zunehmendem Querschnitt auszuführen. Die Leitkanäle sind in diesem Fall nach den Regeln für Verdichtungs- und Expansionsdüsen zu gestalten. Sie müssen außerdem entsprechend der Absolutgeschwindigkeit $c_1$ und $c_2$ beim Austritt oben und beim Eintritt unten, nach den Regeln für synchrones Arbeiten gegen die Bewegungsrichtung der Zellen geneigt sein. Da der Druckunterschied an der Mündung der Zellen oben und unten, also die Differenz $p_{a1} - p_{a2}$, nicht groß sein soll, so wird auch der Unterschied zwischen $c_1$ und $c_2$ nicht beträchtlich. Treten keine besonderen Strömungsverluste ein, so wird auch die Relativgeschwindigkeit $w_2$ unten nicht sehr viel von der beim Austritt oben vorhandenen abweichen. Abgesehen von der Störung, welche die endliche Zahl der Zellen und der Leitkanäle mit sich bringt, werden bei konstanter Belastung, bei konstantem Admissions- und Auspuffdruck, alle Vorgänge in der Maschine stationär. Die Druckzunahme in den Zellen unten erfolgt ebenso stetig und fast nach denselben Gesetzen wie die Druckabnahme bei der Entleerung oben.

Daher wird auch das Druckverhältnis zweier bei der Bewegung nebenein-anderliegenden Zellen ungefähr ebenso groß sein, wie das zwischen zwei augenblicklich durch einen Leitkanal verbundenen oberen und unteren Zellen. Hat nämlich z. B. die Zelle 12, welche gerade durch die Wende-vorrichtung vor die Frischdampfdüse in die Stellung 1 gebracht wird, in der Lage 12 dieselbe Füllung und dieselben Druckverhältnisse im Innern, wie wenn sie nach der Füllung von der Stellung 2 nach 3 übertritt, so er-folgt die Entleerung während des Vorüberschreitens vor dem Leitkanal 1′ in gleichem Maße wie die Füllung unten beim Vorübergehen von 11 nach 12. Man erkennt ferner, daß die Leistung während der Vorfüllung von Stel-lung 7 nach 12 unten ziemlich genau so groß sein muß wie die während der Entleerung von der Stellung 2 ab. Hierzu tritt dann noch die beträcht-liche Fülleistung vor der Frischdampfdüse und die Leistung während der Entleerung in den Auspuff.

Setzt man, wie bei gewöhnlichen Turbinen, voraus, daß im Beharrungs-zustand durch die Maschine in jedem Augenblick die gleiche Gewichts-menge hindurchgeht, so muß die Füllmenge, welche durch die Düse zu-fließt, nicht nur gleich der in den Auspuff entlassenen Menge sein, sondern auch alle Leitkanäle müssen dauernd gleich große Dampfmengen führen. Da aber das spezifische Volumen zunimmt, wenn der Druck abnimmt, so müssen die Querschnitte der Leitkanäle, wie bei andern Dampfturbinen auch, mit der Dauer des Durchgangs zunehmen, wie es die schematische Skizze zeigt. Die letzten beiden Kanäle sind deswegen auch mit gleichen Nummern 4′, 4′ bezeichnet, weil sie eben zusammen einen einzigen ent-sprechend erweiterten Leitkanal vorstellen sollen. Wie die Fig. 16 a und b erkennen läßt, muß die Zeit, welche eine Zelle braucht, um vor einem Leitkanal oben vorüberzukommen, mit der abnehmenden Dichte zu-nehmen und unten bei der Bewegung nach links mit der wachsenden Dichte abnehmen, damit die in den verschiedenen Leitkanälen fließenden Mengen gleich groß sein können.

Bedeutet nun $w_0$ die Relativgeschwindigkeit beim Eintritt des Frisch-dampfes aus der Düse in das Rad, so gilt für die Umsetzung dieser Ge-schwindigkeit in Druck dasselbe Gesetz, wie bei der Umsetzung des Drucks in Geschwindigkeit in den Düsen. Ist demnach $n$ der Exponent der Poly-trope, nach der die Zustandsänderung erfolgt, so gilt, wenn $p_a$ den Druck an der Mündung der Zelle und $p_i$ den Druck am Boden derselben bedeutet, der Ansatz:

$$(1) \qquad \frac{w_0^2}{2g} = \frac{n}{n-1}\, p_i v_i \left[ 1 - \left(\frac{p_a}{p_i}\right)^{\frac{n-1}{n}} \right].$$

wenn dasselbe Gesetz, wie für eine Verdichtungsdüse angenommen wird. Hieraus berechnet sich der Wert

$$(2) \qquad \left(\frac{p_a}{p_i}\right)^{\frac{n-1}{n}} = 1 - \frac{n-1}{n} \cdot \frac{w_0^2}{2g} \cdot \frac{1}{p_i v_i}.$$

Setzt man andererseits, weil die Druckänderung nach den Ausführungen in Kapitel 13 und 14 dem Gesetz $p = p_{max} \cdot e^{\mu x + \omega t}$ genügen soll, das Druckverhältnis $\dfrac{p_a}{p_i} = e^{-\mu l}$, wobei $l$ die Tiefe der Zelle bedeutet, so ist auch:

$$(3) \qquad \left(\frac{p_a}{p_i}\right)^{\frac{n-1}{n}} = e^{-\mu l \cdot \frac{n-1}{n}} = 1 - \frac{n-1}{n} \cdot \frac{w_0^2}{2g} \cdot \frac{1}{p_i v_i} .$$

Entwickelt man nun den Wert $e^{-\mu l \cdot \frac{n-1}{n}}$ nach der Exponentialreihe, so kann man unter der Voraussetzung, daß der Exponent $\mu l \dfrac{n-1}{n}$ einen kleinen Wert hat, sich mit den beiden ersten Gliedern begnügen, womit die Gleichung resultiert:

$$(4) \qquad 1 - \mu \cdot l \frac{n-1}{n} = 1 - \frac{w_0^2}{2g} \cdot \frac{n-1}{n} \cdot \frac{1}{p_i v_i} \qquad \text{oder} \qquad \mu \cdot l = \frac{w_0^2}{2g} \cdot \frac{1}{p_i v_i} .$$

Setzt man jetzt $a_s^2 = n g p_i v_i$, weil der Wert $a_s = \sqrt{n g p_i v_i}$ die Schallgeschwindigkeit in einem Medium vom Zustand des am Boden der Zelle befindlichen darstellt. Es läßt sich also auch schreiben

$$(5) \qquad \mu l = \frac{n}{2} \cdot \frac{w_0^2}{a_s^2} \qquad \text{oder} \qquad \mu = \frac{n}{2l} \cdot \left(\frac{w_0}{a_s}\right)^2$$

und schließlich für das Druckverhältnis

$$(6) \qquad \frac{p_a}{p_i} = e^{-\frac{n}{2} \cdot \left(\frac{w_0}{a_s}\right)^2} \qquad \text{oder} \qquad \frac{p_i}{p_a} = e^{\frac{n}{2} \cdot \left(\frac{w_0}{a_s}\right)^2} .$$

Da nun für die Verdichtung das polytropische Gesetz $p = C \cdot \gamma^n$ erfüllt sein soll, so folgt auch für das Verhältnis der spezifischen Gewichte außen und innen die Beziehung:

$$(7) \qquad \frac{\gamma_a}{\gamma_i} = e^{-\frac{1}{2} \cdot \left(\frac{w_0}{a_s}\right)^2} .$$

Wie oben auseinandergesetzt, soll nun die Relativgeschwindigkeit $w$ beim Eintritt und Austritt für alle Zellenstellungen gleich groß sein; es muß also auch in allen Zellen dasselbe Druck- und Dichtigkeitsverhältnis von innen nach außen bestehen. Die abgeleitete Beziehung gilt also überall, wenn man die Relativgeschwindigkeit $w$ ohne Index benützt. Die Schallgeschwindigkeit in Wasserdampf ist zweifellos, weil das Produkt $p \cdot v$ bei trocken gesättigtem Dampf seinen Wert nur wenig ändert, auch nicht sehr veränderlich, wenn sie auch sicher mit der Wurzel aus der absoluten Temperatur abnimmt. Für $a_s$ kann also vielleicht durchschnittlich 450 m/sec für Wasserdampf gesetzt werden. Für Naßdampf kann $n$ bekanntlich 1,135 gesetzt werden. Es folgt also für $n - 1$ der sehr kleine Wert 0,135 und somit wird der oben gebrauchte Exponent $\mu \cdot l \dfrac{n-1}{n} = \dfrac{n-1}{n} \cdot \left(\dfrac{w_0}{a_s}\right)^2$ für $w_0 = a_s$ selbst ein kleiner Wert, und die oben benützte Entwicklung nach der Exponentialreihe ist somit nachträglich gerechtfertigt. Man sieht auch, daß selbst, wenn $w$ beträchtlich größer als $a_s$ ist, die Entwicklung doch noch für praktische Zwecke genau genug wird. Würde z. B. $w_0^2 = 2\,a_s^2$, so ergibt die Exponentialentwicklung erst einen Fehler, der kleiner als $2\%$ ist.

Ist nun die Druckdifferenz $p_i - p_a$, während die Zelle mit der Geschwindigkeit $u$ fortschreitet, nur einen Augenblick konstant, so wird ein Nutzeffekt auf die Zelle übertragen, welcher beim Querschnitt $F$ der Zelle und bei der bestehenden Neigung $\beta$ der Seitenwände gegen die Fortschreitungsrichtung den Wert

$$(8) \qquad F(p_i - p_a)\cos\beta \cdot u$$

haben muß. Andererseits wird beim Eintritt des Treibmittels an die Schaufelwand eine Leistung wie bei einer gewöhnlichen Turbine abgegeben, welche sich aus der pro Sekunde zufließenden Gewichtmenge $G$ nach der Formel

$$(9) \qquad \frac{G}{g}\, u \cdot w \cdot \cos\beta$$

berechnet. Für $G$ kann man auch setzen $F \cdot w\,\gamma_a$, wobei $\gamma_a$ das spezifische Gewicht des Treibmittels an der Mündung der Zelle bedeutet. Wird für beide Leistungen ein Wärmegefälle $\varDelta J$ pro 1 kg des zufließenden Treibmittels verbraucht, wobei $\varDelta$ eine größere endliche Differenz bedeuten soll, so ergibt sich diese für 1 kg umgesetzte mechanische Leistung aus der Gleichung

$$(10) \qquad \frac{F(p_i - p_a)\cos\beta \cdot u}{G} + \frac{u \cdot w\cos\beta}{g} = \frac{1}{A}\varDelta J - \frac{u^2}{2g}\,.$$

Es muß natürlich der nicht als mechanische Energie abführbare Betrag $\dfrac{u^2}{2g}$, der als Rotionsenergie verbleibt, vom umgesetzten Wärmegefälle abgezogen werden.    Aus der Beziehung

$$(11) \qquad \frac{p_i}{p_a} = e^{\frac{n}{2} \cdot \left(\frac{w_0}{a_s}\right)^2} \qquad \text{folgt auch} \qquad p_i - p_a = p_a\left(e^{\frac{n}{2} \cdot \left(\frac{w_0}{a_s}\right)^2} - 1\right).$$

Setzt man daher diesen Wert und die Beziehung $F \cdot w \cdot \gamma_a = G$, welche, wie gesagt, für die zufließende Gewichtsmenge gilt, in obige Gleichung ein, so folgt auch

$$p_a \cdot v_a\left(e^{\frac{n}{2}\left(\frac{w_0}{a_s}\right)^2} - 1\right)\frac{u \cdot \cos\beta}{w} + \frac{u\,w \cdot \cos\beta}{g} = \left[\frac{p_a \cdot v_a}{w^2}\left(e^{\frac{n}{2} \cdot \left(\frac{w_0}{a_s}\right)^2} - \right) + \frac{1}{g}\right] u \cdot w \cdot \cos\beta\;;$$

woraus mit

$$\frac{w^2}{2g} = \frac{n}{n-1}(p_i v_i - p_a v_a)$$

auch noch

$$(12) \qquad \left[\frac{1}{2}\frac{n-1}{n} \cdot \frac{p_a v_a}{p_i v_i - p_a v_a}\left(e^{\frac{n}{2} \cdot \left(\frac{w}{a_s}\right)^2} - 1\right) + 1\right]\frac{u \cdot w \cdot \cos\beta}{g} = \frac{1}{A}\varDelta J - \frac{u^2}{2g}\,.$$

Ist das gesamte Wärmegefälle der Maschine nach dem angenommenen thermodynamischen Wirkungsgrad bekannt und ist die Zahl der Leitkanäle und somit die der Beaufschlagungsstellen in der Maschine festgelegt, so kann man das Wärmegefälle für eine solche Stufe angeben und aus der vorstehenden Formel dann rückwärts berechnen, welcher Betrag auf Turbinenwirkung entfällt und wieviel die direkte Druckwirkung in der Maschine leistet. Um einen Überschlag zu erhalten, wieviel auf direkte Druckwirkung und welcher Betrag auf die eigentliche Turbinenleistung entfällt, kann man für $w = a_s$ auch noch $\dfrac{p_i}{p_a} = e^{\frac{n}{2}}$ berechnen. Setzt man für trocken gesättigten Wasserdampf $n = 1{,}135$, so kann für $\dfrac{n-1}{n} \cdot \dfrac{1}{\dfrac{p_i v_i}{p_a v_a} - 1}$ rund 1 gesetzt werden, weil der Quotient $\dfrac{p_i v_i}{p_a v_a}$ nicht viel größer als 1 ist. Für $\dfrac{p_i}{p_a} = e^{\frac{n}{2}}$ ist mit $n = 1{,}135$, $\dfrac{p_i}{p_a} = 1{,}765$ und somit ergibt sich aus dem ganzen Ausdruck für den Betrag der direkten Druckleistung

$$\frac{1}{2}\frac{n-1}{n} \cdot \frac{1}{\dfrac{p_i v_i}{p_a v_a} - 1}\left(e^{\frac{n}{2}} \cdot \left(\frac{w}{a_s}\right)^2 - 1\right) \cdot \frac{u \cdot w \cdot \cos\beta}{g} = \frac{1}{2} \cdot 0{,}765 \cdot \frac{u w \cos\beta}{g} \, ,$$

und es ist demnach das Verhältnis der direkten Druckleistung $0{,}38 \dfrac{u w \cos\beta}{g}$ zur eigentlichen Turbinenleistung $\dfrac{u w \cos\beta}{g}$ ungefähr 38%. Nimmt man zu der Gleichung (12) die Beziehungen für synchrones Arbeiten hinzu, welche zwischen den Winkeln, zwischen der Umfangs-, der Relativ- und der Absolutgeschwindigkeit beim Eintritt bestehen, so lassen sich passende Verhältnisse zwar finden, aber nicht durch direkte Auflösung, sondern nur durch Probieren. Es ist klar, daß sich aus der hier gegebenen Berechnung sowohl für die Relativgeschwindigkeit wie für die Umfangsgeschwindigkeit $u$, bei gleichem Wärmegefälle, etwas kleinere Werte ergeben müssen als bei einer gewöhnlichen Turbine, weil eben die zusätzliche, direkte Druckleistung außer der Turbinenleistung geliefert werden muß. Wie aber Probeberechnungen ergeben, ist der Unterschied so gering, daß er für die Gestaltung der Schaufeln und der Kanäle unbedeutend ist, so lange wenigstens, wie bisher vorausgesetzt ist, der Unterschied von $w$ und $a_s$ gering ist. Aus Gleichung (12) kann man jedenfalls ersehen, daß die direkte Druckwirkung und damit die entsprechende Mehrausbeute von Wärmegefälle um so beträchtlicher wird, je größer der Wert $e^{\left(\frac{w}{a_s}\right)^2 \cdot \frac{n}{2}}$ und somit je größer die Relativgeschwindigkeit gegenüber der Schallgeschwindigkeit in der Tiefe der Zelle wird.

Arbeitet die Maschine aber z. B. mit trocken gesättigtem Dampf von 12 atm und mit einem Vakuum 0,1 atm, so ist das verfügbare Wärmegefälle bei adiabatischer Expansion etwa 170 Kal. Wären 4 Rückleitungskanäle vorhanden, so hätte sie mit der Frischdampfdüse und dem Übergang zum Auspuff 10 wirksame Stufen. Es würden also pro Stufe, wenn man das Gefälle gleichmäßig verteilte, rund 16 Kal. umgesetzt, womit sich nach der Formel $c = 91{,}53 \sqrt{\varDelta J}$ etwas mehr als 360 m/sek für die Absolutgeschwindigkeit ergeben würden. Es wäre also die Relativgeschwindigkeit noch lange nicht gleich der mittleren Schallgeschwindigkeit des Dampfes, und eine solche Maschine könnte nur eine geringe Druckwirkung liefern, weil das Druckverhältnis $\dfrac{p_i}{p_a} = e^{\frac{n}{2} \cdot \left(\frac{w}{a_s}\right)^2}$ nicht ganz den Wert 1,5 erreichen würde. Nun waren an der später (in Kapitel 9) beschriebenen und ausgeführten Versuchsmaschine anfangs sogar 5 Rückleitungen vorhanden, während sie noch dazu (aus den dort näher erörterten Gründen) mit Auspuff arbeitete. Es betrug also das Wärmegefälle pro Stufe noch nicht 10 Kalorien, und somit mußte die direkte Druckwirkung, wie es ja auch der Fall war, schon aus diesem Grund ganz ausbleiben.

Macht man jedoch das Verhältnis $\dfrac{w}{a_s}$ groß, indem man den Einströmwinkel $\alpha$ nicht wesentlich kleiner nimmt als den Zellenwandwinkel $\beta$, so kann man die Relativgeschwindigkeit $w$ selbst sehr groß machen, ohne abnorme Umfangsgeschwindigkeiten zu erreichen. Ein sehr großes $w$ erhält man aber, wenn man die Absolutgeschwindigkeit des zuströmenden Dampfes sehr groß macht, den Frischdampf also in Düsen, wie bei der Lavalturbine, möglichst schon in der ersten Stufe vollständig entspannt. Tritt dann in der bewegten Zelle am Boden eine Drucksteigerung bis fast auf den Admissionsdruck ein, so wird der Dampf aus der bewegten Zelle auch rückwärts beim Austritt wie aus einer Düse expandieren, und somit wird die relative und die absolute Ausflußgeschwindigkeit neuerdings sehr groß. Da ferner zwischen zwei durch einen Leitkanal verbundenen Zellen das Druckgefälle durch die Drehung der Turbine dauernd aufrechterhalten wird, so werden auch die Werte für die Relativgeschwindigkeit bei der Vorfüllung sehr groß, und man erkennt, daß bei richtiger Gestalt der Leitkanäle besonders an den Stellen der Aufnahme aus dem Laufrad und der Abgabe des Treibmittels an dasselbe größere direkte Druckwirkungen auch bei kleinerer Drehzahl möglich sein müssen. Diese Verhältnisse werden sich besonders deutlich aus den Auseinandersetzungen im nächsten Kapitel ergeben.

Soll für $w = a_s$ die Umfangsgeschwindigkeit der Maschine nicht abnorm hoch werden, also z. B. mit $u = \dfrac{w}{2}$, höchstens 225 m/sek, so muß nach den Regeln für synchrones Arbeiten bei einem Zellenwandwinkel $\beta = 30°$, der Winkel $\alpha$, unter welchem die Beaufschlagung des Rades durch das zufließende Treibmittel erfolgt, etwa 20° sein. Dann ist nämlich $\dfrac{u}{w} = \dfrac{\sin(\beta - \alpha)}{\sin \alpha} = \dfrac{\sin 10}{\sin 20} \sim \dfrac{1}{2}$. Man kann also große Relativgeschwindigkeit auch ohne zu große Umfangsgeschwindigkeit erreichen, wenn man den

Winkel $\alpha$ der Absolutgeschwindigkeit nicht viel kleiner als den Zellenwandwinkel $\beta$ wählt.

Wie ich aber durch Versuche gefunden habe, und wie auch leicht aus der Theorie zu erkennen ist, wird dann aber der Anlauf der Maschine entsprechend schwieriger. Für den Anlauf kommt nämlich nur die Turbinenleistung in Betracht, und diese wird im Anlauf selbst sehr klein, gar wenn kein wesentlicher Stoßdruck bei dem geringen Winkelunterschied zwischen Absolut- und Relativgeschwindigkeit vorhanden ist. Die direkte Druckwirkung kommt im Anlauf nicht zu stande, weil sich die ganze Zelle in kurzer Zeit vollständig mit Dampf füllt, so daß eine Druckdifferenz $p_i - p_a$ nicht auftreten kann. Diese Vorgänge habe ich an einem mit einer einzigen Dampfdüse in freier Luft laufenden Rad studiert und vollauf bestätigt gefunden. Die Leistung des Rades nahm deutlich mit der wachsenden Drehzahl zu.

Um zu einem Anhaltspunkt für die notwendige Tiefe der Zellen zu kommen, kann man von der Annahme ausgehen, daß die zeitliche Änderung der Dichte an allen Stellen längs der Zellenwand gleichmäßig erfolgt und im ganzen der zufließenden Menge gleich ist. Ist sonach $V$ das Volumen der einzelnen Zelle, $F$ der konstant angenommene Querschnitt, $w$ die relative Eintrittsgeschwindigkeit an der Mündung, $\gamma$ das spezifische Gewicht beim Eintritt, welches natürlich mit dem Fortschreiten der Zellen bei der Verdichtung zunimmt, so gilt mit den gemachten Voraussetzungen $V \cdot \dfrac{d\gamma}{dt} = F \cdot w \cdot \gamma$ oder $\dfrac{V}{F} \cdot \dfrac{d\gamma}{\gamma} = w \cdot dt$. Für $\dfrac{V}{F}$ kann bei konstantem Querschnitt die Zellentiefe $l$ eingeführt werden. Die relative Eintrittsgeschwindigkeit $w$ an der Mündung soll während der Dauer der Füllung der Zellen konstant sein. Ist nun ferner $a$ die Zellenteilung, d. h. der Abstand der Zellenwände voneinander, am Radumfang gemessen, und bedeutet $u$ wieder die Umfangsgeschwindigkeit des Rades, so ist die Zeit $T$ für die Drehung des Rades um die Zellenteilung $T = \dfrac{a}{u}$. Integriert man also die Gleichung $l \cdot \dfrac{d\gamma}{\gamma} = w \cdot dt$, so hat man zu beachten, daß für die Zeit $T$ die Grenzen von $\gamma$ sich als das Verhältnis $\dfrac{\gamma_x}{\gamma_{x+1}}$, d. h. als das Verhältnis der Dichte an einer beliebigen festgehaltenen Stelle angeben lassen, wenn sich das Rad um die Zellenteilung gedreht hat. Es ist also $\dfrac{\gamma_x}{\gamma_{x+1}} = e^{\frac{a}{l} \cdot \frac{w}{u}}$ der Quotient der Dichtigkeitszunahme von Zelle zu Zelle, wenn man das Rad in einem bestimmten Augenblick betrachtet. Gilt auch hier das polytropische Gesetz $p = C \cdot \gamma^n$, so folgt auch das Druckverhältnis zweier benachbarten Zellen aus $\dfrac{p_x}{p_{x+1}} = e^{n \cdot \frac{a}{l} \cdot \frac{w}{u}}$.

Ist demnach durch die Aufteilung des Wärmegefälles die Zahl der Stufen festgelegt, so muß, wenn man die notwendige Erweiterung der Leitkanäle gegenüber der Zellenteilung am Radumfang zunächst vernachlässigt, die Zahl $z$ der dauernd gefüllten Zellen etwas größer als die Hälfte der Stufenzahl $\xi$ sein. Ist also z. B. $z = \dfrac{\xi}{2} + 1$, so muß $\left(\dfrac{p_x}{p_{x+1}}\right)^z = \dfrac{p_1}{p_2}$ sein, wenn $p_1$ den Druck des Frischdampfes, $p_2$ den Auspuffdruck bedeutet. Hierbei ist angenommen, daß bei der Füllung am Boden der Zellen die Admissionsspannung $p_1$ erreicht und daß die Zellen an der Auspuffstelle vollständig entleert werden. Aus der Beziehung

$$\left(\frac{p_1}{p_2}\right)^{\frac{1}{z}} = e^{\,n \cdot \frac{a}{l} \cdot \frac{w}{u}} \quad \text{oder} \quad \frac{p_1}{p_2} = e^{\,n \cdot \frac{a}{l} \cdot \frac{w}{u} \cdot z},$$

kann dann bei dem angenommenen Geschwindigkeitsverhältnis $\dfrac{w}{u}$ und dem gegebenen Dampfdruck das Raumverhältnis $\dfrac{a}{l}$ berechnet werden. Ist z. B.

$$p_1 = 12; \; p_2 = 0,1; \; \frac{w}{u} = 2; \; z = 5; \quad \text{also} \quad 120 = e^{\,1,135 \cdot \frac{a}{l} \cdot 2 \cdot 5},$$

so folgt

$$\frac{a}{l} = \frac{2,303 \cdot 2,058}{11,35} \quad \text{und} \quad \frac{a}{l} = 0,415 \quad \text{oder} \quad \frac{l}{a} = 2,4$$

als das Raumverhältnis. Wäre also, wie bei der später beschriebenen Maschine $a = 2,5$ cm, so würde $l = 6$ cm.

Nimmt man das Verhältnis $\dfrac{w}{u}$ groß, d. h. arbeitet die Maschine weniger wie eine gewöhnliche Turbine und mehr durch direkte Druckwirkung, also mit großer Verdichtung in den Zellen, so kann man bei großer Zellentiefe, d. h. wenn $\dfrac{a}{l}$ ein Bruch mit großem Nenner ist, doch die Zahl der Stufen klein nehmen und das gleiche Druckgefälle ausbeuten. Hieraus geht hervor, daß die vorliegende Konstruktion es ermöglicht, Dampfturbinen bei außerordentlich kleinen Abmessungen mit beliebig kleinen Drehzahlen auszuführen. Innerhalb weiter Grenzen wird deren Leistung übrigens bei verschieden großen Drehzahlen nur in geringem Maße veränderlich, weil bei kleinerer Umfangsgeschwindigkeit die Turbinenleistung im Verhältnis zu-, die direkte Druckleistung dagegen abnimmt. Dieser Schluß ist übrigens von der hier gemachten Annahme über das Gesetz der in der Zelle eintretenden Verdichtung unabhängig. Diese Tatsache allein muß genügen, das erläuterte Turbinenprinzip lebensfähig zu machen.

## 19. Beschreibung der an der Ingenieurschule in Schanghai gebauten Versuchsmaschine.

Im Jahre 1913 hatte ich den Entschluß gefaßt, in der Lehrwerkstätte der Hochschule in Tsingtau auf meine Kosten eine Versuchsturbine mit im Radinnern liegendem Leitapparat zu bauen, die in der allgemeinen Anordnung ungefähr der schematischen Fig. 3 und 4 entsprechen sollte.

Nur wollte ich, um mit derselben Maschine auch grundlegende Versuche für die im Kapitel 25 zu besprechende Gasturbine auszuführen, die Laufradzellen wie in Fig. 23 am äußeren Umfang offen lassen, also das Laufrad nur durch das Gehäuse abdichten. Hierzu waren im Sommer 1914 endlich die Zeichnungen fertig geworden, und um die wichtigsten Teile, vor allem die Laufradscheibe, aus Deutschland zu beziehen, hatte ich mich bereits mit heimischen Firmen in Verbindung gesetzt, als der Krieg ausbrach. Alle diese Zeichnungen und Berechnungen gingen mir dann verloren. Als ich nach dem Fall Tsingtaus an der deutschen Ingenieurschule in Schanghai angestellt wurde, fand ich auch gleich so viel Berufsarbeit, daß ich meine eigenen Pläne zunächst aufgeben mußte. Im Herbst 1915 fand sich der Leiter der Anstalt, Herr Professor Berrens, liebenswürdigerweise bereit, eine kleine Versuchsmaschine nach meinen Ideen in der Lehrwerkstätte bauen zu lassen. Da nun geschmiedete Stahlscheiben entsprechender Größe nicht zu beschaffen waren, entschloß ich mich, ein kleines Rad mit äußerer Einströmung von nur 240 mm Durchmesser herzustellen, wie es in den Figuren 17a und 17b auf Tafel I, welche die Werkstattzeichnung in $^1/_5$ nat. Größe wiedergeben, zu erkennen ist. Auf die Stahlwelle $W$ wurde ein Gußstahlkörper $K$ warm aufgezogen und dieser außerdem noch mit Bund und Mutter gesichert. In denselben wurden (wie aus Fig. 17a zu ersehen) die Schaufeln $SS$ schwalbenschwanzförmig eingesetzt, und durch zwei flußeiserne Scheiben $DD$, welche durch durchgehende Schrauben rechts und links, wie Fig. 17b zeigt, mit dem Körper $K$ verbunden sind, wurden mit den Schaufeln zusammen die Zellenräume gebildet. Die Schaufelendflächen wurden sorgsam auf die Deckelflächen aufgeschabt und ihre Lage nochmals durch kleine Stifte, deren Mittellinie durch die strichpunktierte Linie $O$ gegeben ist, gesichert. In die Scheiben $DD$, und positiv erhöht, in die mit den Stopfbüchsen zusammengegossenen Deckel $EE$, wurden abgesetzte Ringflächen zur Umfangsdichtung eingedreht, so daß ein seitlicher Dampfdurchgang, wenn auch nicht vollständig verhindert, so doch wenigstens vermindert wurde. Die in den Deckeln $E$ enthaltenen Stopfbüchsen bestehen nach bekannten Mustern aus dreifach geteilten Weißmetallringen, welch letztere in gußeisernen Ringen gelagert und durch Schraubenfedern zusammengehalten wurden. Die Hauptschwierigkeit der äußeren Beaufschlagung des Laufrads bot nun die Dampfführung um den äußeren Umfang des Rades. Ich dachte zuerst autogen geschweißte Kanäle zu verwenden, wie sie in der schematischen Skizze Fig. 18 im Schnitt dargestellt sind. Wegen der großen praktischen Schwierigkeiten und des unwahrscheinlich betriebssicher auszuführenden Zusammenbaues entschloß ich mich dann, zur Dampfrückführung Kupferrohre zu verwenden, deren Anwendung naturgemäß zu enormen Wärme- und Strömungsenergieverlusten führen mußte. Nach dem Schema der Fig. 18 strömt der Frischdampf durch die Düsen $AA$ rechts und links in das Rad, nachdem die Zellen in den Stellungen 11, 10, 9, 8, 7, durch den in den Leitkanälen 4′, 3′, 2′, 1′ rückströmenden Dampf eine Vorfüllung erhalten haben. Am oberen und am unteren Umfang des Rades tritt eine nahezu vollkommene Entleerung der Radzellen in den Auspuffraum *B B* ein, an den die Abdampfleitungen *C C* angeschlossen sind. Die gewählte doppelte Einströmung rechts und links bietet den Vorteil, daß die Leitkanäle kürzer ausfallen, wenn man, wie schon im Schema angedeutet, die Niederdruckleitungen 3′, 4′ in der Hauptrichtung horizontal, die Hochdruckleitungen 1′, 2′ um die Düse herum, vertikal, anordnen kann. In der Ausführung Fig. 17 a und 17 b sind nun die Frischdampfleitungen von einem, auf dem blinden Stutzen *J* sitzenden Einlaßventil

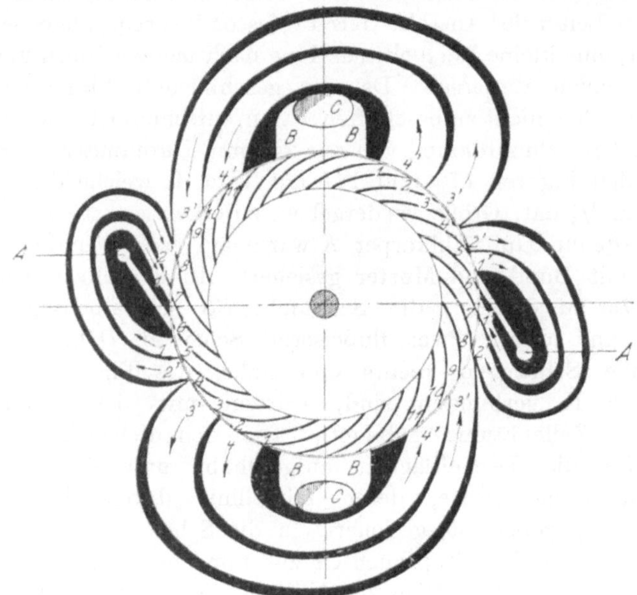

Fig. 18.

nach den beiden Stutzen *A′ A′* abgezweigt, und der Dampf tritt von diesen durch die im Querschnitt rechteckig gestalteten Düsen *A A* in das Rad ein. Ursprünglich wollte ich die Düsenstöcke durch eingegossene Blechschaufeln bilden, deren Reste in der Fig. 17a im Schnitt als kurze Blechstücke noch zu erkennen sind, was ich aber nach dem ersten Versuch aufgab, weil der Dampf nicht die richtige Führung und Geschwindigkeit erhielt. Es wurden dann Stahlklötze von den schwarz gezeichneten Querschnitten angefertigt und diese durch Stifte zwischen zwei in das Gehäuse *G G* eingepaßte Deckringe *F F* festgehalten. Die Rohre, welche zur Dampfrückführung dienen, wurden sämtlich in zwei mit dem Gehäuse verschraubte, gewölbte, gußeiserne Schutzdeckel eingesetzt, und diese Ausführung hat sich, wenigstens hinsichtlich der hinreichenden Dichtigkeit und Betriebssicherheit, recht gut bewährt. Diese Konstruktion würde für eine wirkliche Fabrikation selbstverständlich unbrauchbar sein und könnte natürlich umgangen werden. Die Kupferrohre, wie sie in der Fig. 17a durch punktierte Linien angedeutet sind, verbinden die einzelnen Aufnehmeräume $f_1$ $f_2$, $f_3$, $f_4$ und den Vorraum $4'$, $3'$, $2'$, $1'$ der Düsen miteinander. Der Dampf strömt also z. B. in der oberen rechten Seite der Fig. 17a vom Raum $f_1$ nach dem Düsenraum $1'$, vom Raum $f_2$ nach der Düse $2'$, wie die punktierten Pfeile erkennen lassen. Vom Raum $f_0$ oben, aber dann von rechts nach links und ebenso in den Leitungen $f$ $4'$ und $f_5$, $5'$. Auf der linken Seite der Fig. 17a strömt er dagegen von $f_1$ unten nach $1'$ oben, ebenso von $f_2$ nach $2'$ und auf der unteren Seite von $f_3$, $f_4$, $f_5$, links nach $3'$, $4'$, $5'$ rechts. Aus dem Auspuffraum $B$, $B$ wird der Abdampf unten direkt durch den Auslaßstutzen in die Abdampfleitung entlassen, vom oberen Auspuffraum $B$, $B$ aber durch 4 Rohre $6'$, $6'$ in den Abdampfraum unten übergeführt. Die Kupferrohre wurden zum Wärmeschutz mit Asbestschnur umwickelt und mit Ton gleichmäßig überstrichen, was sich als sehr zweckmäßig erwies. Die so konstruierte Dampfüberleitung entspricht nun allerdings nicht den Regeln für eine zweckmäßige Dampfführung. Es war daher von vornherein klar, daß allzu große Druckverluste nur dann zu vermeiden wären, wenn die Dampfgeschwindigkeit in den Rohren innerhalb mäßiger Größe blieb. Beim Austritt aus den Düsen sollte aber die Dampfgeschwindigkeit ungefähr das $1^{1}/_{2}$fache der Schallgeschwindigkeit, also etwa 600 m/sec erreichen, und ebenso groß sollte auch ungefähr die Auspuffgeschwindigkeit aus den Radzellen sein. Dann mußte aber in den auffangenden Leitkanälen $f_1$, $f_2$, $f_3$, $f_4$, $f_5$ eine Umsetzung von Geschwindigkeit in Druck erfolgen. Diese ist bekanntlich mit erheblichen Energieverlusten verbunden, wenn die Gestalt dieser Verdichtungskanäle nicht den bei Turbokompressoren gemachten Erfahrungen entspricht. Da die Rohre etwa einen Zoll lichte Weite besaßen, und da der engste Querschnitt jeder Frischdampfdüse etwa $2 \cdot 25$ qm $= 50$ qm hatte, so war die Dampfgeschwindigkeit in den Rohren, besonders im Niederdruckteil, wie nachher gezeigt werden wird, recht erheblich. Es mußten also die vielfach wechselnden Querschnitte und insbesondere die beim Eintritt in das Gehäuse scharf rechtwinkligen Umführungen des Dampfes zu erheblichen Druckverlusten und zu großer Überhitzung des Dampfes führen. Ferner war die sehr große Gesamtlänge der Rohre wegen der dadurch hervorgebrachten Dampfreibungsverlustes von großem Nachteil. Wenn ich auch diese Umstände schon beim Entwurf als ungünstig erkannte, so hatte ich sie trotzdem in Kauf genommen, weil ich annahm, daß die erhebliche Mehrleistung des Zellenrads anderen Turbinen gegenüber doch auffallend zutage treten müßte.

Ich hatte übrigens mit einer beträchtlichen Kondensation des Dampfes in der Maschine gerechnet und deswegen die untere Hälfte aller Leitkanäle mit Entwässerungshähnen versehen. An die Aufnehmer- und die Düsenräume am oberen Umfang waren Manometer zur Druckmessung durch geeignete Bohrungen angeschlossen.

## 20. Versuchsresultate.

Sobald das Laufrad (im März 1916) fertig war, setzte ich dasselbe mit seiner Welle in zwei gewöhnliche Transmissionslager, um es im Lauf zu beobachten und womöglich auszubalancieren. Zum Antrieb verwendete ich eine einfache gußeiserne Düse ohne besondere Expansionserweiterung. Es gelang so leicht, das Rad bis auf 6000 und mehr Umdrehungen zu bringen, wenn auch die Ringschmierlager gewöhnlich heiß liefen. Das Rad ergab bei diesem Versuch jedenfalls ein recht erhebliches Drehmoment und aus der raschen Zunahme der Drehzahl war, wie ich nach dem Trägheitsmoment durch Rechnung ermittelte, auf eine Mindestleistung von etwa 4 Pferdestärken bei zwei bis drei Atmosphären Überdruck vor dem Düsenende zu rechnen, was recht vielversprechend aussah. Bis zu 8000 Umdrehungen war nach einigem Nachbessern ein Rütteln in den Lagern jedenfalls nicht zu beobachten. Andere Mittel zur Auswuchtung standen nicht zur Verfügung. Nach dem Einbau des Rades in das Gehäuse im Mai 1916 konnte durch die ersten Versuche nur gezeigt werden, daß die Turbine bis zu 6000 Umdrehungen außerordentlich ruhig ging. Die Lager liefen jedoch fortwährend heiß, woran die verunglückte Konstruktion schuld war. Ich hatte nämlich versucht, ohne Grundplatte mit an den Deckeln *H* angegossenen Lagern auszukommen. Dazu kam, daß das Rad, wenn es auch bei gewöhnlicher Temperatur im Gehäuse tadellos frei lief, stets streifte, sobald die Maschine heiß geworden war. Dieses gefährliche Streifen machte sich außerdem durch ein recht unangenehmes Geräusch bemerkbar. Bis zum Herbst 1916 war dann eine Grundplatte mit Traglagern und Drucköischmierung fertiggestellt. Das Traglager rechts trug, wie aus Fig. 17b zu ersehen, an seiner äußeren Stirnseite ein kleines Kammlager für die nachstellbare Feineinstellung des Rades. Wirkliche axiale Schubkräfte waren ja nicht vorhanden, trotzdem war es aber notwendig, das Rad in seiner Stellung zu fixieren. Nachdem das Rad einige Male im Leerlauf bis zu 12000 Umdrehungen gemacht hatte, ging ich daran, die Maschine mit einem möglichst leicht hergestellten, doppelarmigen Bremszaum aus Holz zu belasten. Zu diesem Zweck war, wie aus Fig. 17b zu ersehen, eine aus dem vollen gedrehte schmiedeeiserne Scheibe auf die Welle konisch aufgesetzt und durch eine besonders konstruierte Sicherung festgehalten. Der Bremszaun konnte reichlich von zwei Seiten mit Wasser gekühlt werden. Es gelang nun lange Zeit nicht, das Rad genügend zu belasten, weil es jedesmal am Umfang oder seitlich zu streifen begann. Erst als der radiale Spielraum auf 0,75 mm vergrößert war und das Laufrad so eingestellt wurde, daß es im kalten Zustand unten fast streifte, gelang es allmählich, die Maschine zu belasten. Das Laufrad lief jedoch bei Drehzahlen von 6000—12000 und bei Volldampf stets unruhig. Bei Volldampf trat meist ein eigenartiges Vibrieren ein, welches augenscheinlich in Dampfschwingungen zwischen den Düsen und Zellen seine Ursache hatte. Diese können wahrscheinlich von vornherein vermieden werden, wenn man die Zellenteilung und die Teilung der Düsen und Leitkanäle ungleich macht, was in der Ausführung leider nicht geschehen war. Dieses Vibrieren führte augenscheinlich gelegentlich zum Anstreifen des Rades und zu Lufteintritt durch die Stopfbüchsen, so daß ein Vakuum kaum zu halten war. Die Versuche mußten deswegen natürlich häufig unterbrochen werden. Auch die Entwässerungshähne der im unteren Teil des Gehäuses liegenden Leitkanäle, welche für das Anwärmen notwendig waren, konnten trotz mehrfach wiederholter Wasserdruckprobe nicht dicht genug gemacht werden, so daß stets Luft in die Maschine kam, wodurch das Vakuum rasch wegfiel. Außerdem ergaben kurze Versuche mit Vakuum kein günstigeres Resultat als mit Auspuff. Der Dampfverbrauch der Maschine konnte aber in kurzen Betriebsperioden ungefähr aus der Kondensatmenge gemessen werden. Wenn auch der kleine Bremszaun eine sehr feinfühlige Bremsung bei der hohen Drehzahl zuließ, so sind doch die festgestellten Drehkräfte zweifellos mit erheblichen Fehlern behaftet, weil bei der großen Umfangsgeschwindigkeit der Scheibe das zufließende Wasser außerordentlich beschleunigt werden mußte, bis es durch die Zentrifugalwirkung abgeschleudert wurde. Außerdem ließen sich Zugkräfte in den Wasserzufuhrschläuchen nicht ganz beseitigen. Der das Resultat zweifellos verschlechternde Kraftverlust durch die Beschleunigung des Kühlwassers ist bei der folgenden Ermittlung der Leistung nicht berücksichtigt, so daß das Resultat sicher etwas günstiger war, als es im folgenden angegeben ist. Bei 11,5 atm Überdruck des Frischdampfes war die größte erreichte Bremslast $Q = 2$ kg an einem Hebel von $l = 0,6$ m Länge bei $n = 8000$ Umdrehungen pro Minute. Hiernach ergibt sich eine Bremsleistung von

$$Ne = 0,00139 \cdot Q \cdot l \cdot n = 0,00139 \cdot 2 \cdot 0,6 \cdot 8000 = 13,2 \text{ PS.}$$

Es hat keinen Zweck, die übrigen Meßwerte aufzuführen, die bei 6000 und 12 000 Umdrehungen ungefähr 12 Pferdestärken ergaben, vor allem, weil der Zudampfdruck dabei von welchselnder Größe war. Mehrfache Auslaufversuche zwischen 8000 und 6000 Umdrehungen ergaben, daß der Reibungsaufwand für Lager und Radreibung und zum Antrieb des Schneckenradvorgeleges mindestens 4,2 PS war, so daß also die erzeugte mechanische Leistung etwa 17,4 PS im ganzen betrug. Bei Arbeiten mit Auspuff konnte der Dampfverbrauch, da der längste Versuch etwa nur $^3/_4$ Stunden dauerte, nur aus der engsten Düsenöffnung berechnet werden. Der engste Querschnitt jeder Düse betrug $2,5 \cdot 25 = 62,5$ qmm. Danach ergibt sich eine Ausflußmenge bei 2 Düsen entsprechend der Formel

$$G \text{ kg/sec} = 2,09 \cdot f_{\min} \cdot \sqrt{\frac{p_1}{v_1}} = 2,09 \cdot 1,25 \cdot \sqrt{\frac{11,5}{0,74}}$$
$$= 0,21 \text{ kg/sec} = 3600 \cdot 0,21 = 753 \text{ kg/st.}$$

Berücksichtigt man aber, daß bei dieser ungünstigen Querschnittform die Kontraktion des Strahles und die Geschwindigkeitsverringerung durch die Dampfreibung bedeutend war, so dürfte der Dampfverbrauch sicher nicht mehr als 70% des berechneten Wertes, etwa 500 kg pro Stunde betragen haben, was mit den Messungen des Kondensats bei Betrieb mit Kondensation ungefähr übereinstimmte. Bei dem angeführten Versuch waren übrigens die Dampfkanäle $1'\,f_1'$ auf beiden Seiten der Maschine durch Holzpflöcke abgesperrt, weil diese Verminderung der Stufenzahl, wie andere Versuche ergeben hatten, eine Verbesserung der Leistung ergab. Die Dampfdrucke in den Stufen *2, 3, 4, 5* ergaben die in der folgenden Tabelle aufgeführten Druckwerte und bei dem gegebenen Rohrquerschnitt die aufgeführten Dampfgeschwindigkeiten in den Rohren. Bei einen Zoll Lichtweite ist ein Rohrquerschnitt 5,05 qcm, demnach für 2 Rohre ein Querschnitt von 10,1 qcm und für die Auspuffverbindung bei 4 Rohren ein Querschnitt von 20,2 qcm vorhanden. Die Dampfgeschwindigkeiten sind aus der Formel

$$c = \frac{G \cdot v}{F} \quad \text{für } G = 0,139 \text{ kg/sec} = 500 \text{ kg/st}$$

berechnet, wobei die spezifischen Volumen $v$ des Dampfes gleich den den Drucken entsprechenden Sättigungswerten genommen wurden.

| Stufe Nr. | Gemessener Druck | Strömungsquerschnitt in der Rückleitung | Strömungsgeschwindigkeit |
|---|---|---|---|
| 2' | 4÷5 atm | 10,1 | 62    m/sec |
| 3' | 2,5  „ | 10,1 | 96    „ |
| 4' | 1,9  „ | 10,1 | 137,5  „ |
| 5' | wenig mehr als 1 atm | 10,1 |  |
| Abdampf | 1 atm | 20,2 | 59    „ |

Der Druck der Stufe *5'* konnte nicht genügend genau angegeben werden, weil ein Manometer das in der Nähe von 1 atm richtig zeigte, nicht vorhanden war. Die großen Dampfgeschwindigkeiten, welche, wie gezeigt, besonders in den letzten drei Stufen vorhanden waren, hatten jedenfalls sehr große Druckverluste zur Folge, und da solche erst recht bei Kondensationsbetrieb vorhanden sein mußten, so ist auch klar, daß die Maschine mit Vakuum nicht wesentlich mehr leisten konnte. Wäre der Dampf in der Maschine gerade trocken gesättigt geblieben, so würde bei der Druckabnahme von 11,5 auf 1 atm das ausgenützte Wärmegefälle $667 - 638 = 29$ Kalorien betragen haben, während das verfügbare Gefälle $667 - 568 = 99$ Kalorien war, was einem thermodynamischen Wirkungsgrad von $\frac{29}{99} = 29,3\%$ entsprechen würde, während die Nutzleistung bei 29 Kalorien Wärmeumsatz 23 PS sein sollte. Da nun die mechanische Leistung noch kleiner, nämlich ungefähr 17,4 PS war, so mußte der Abdampf noch hochgradig überhitzt sein. Dieses ergab sich auch daraus, daß in den tiefliegenden Räumen des Gehäuses anfänglich vorhandenes Kondenswasser während des Arbeitens der Maschine stets verschwand[1]).

## 21. Ursachen des mangelnden Erfolges und geplanter Umbau.

Das ungünstige Resultat veranlaßte mich natürlich, die Ursachen des Fehlschlags aufzusuchen. Mit sehr großen Dampfreibungs- und Strömungsverlusten hatte ich gerechnet. Trotzdem hatte ich angenommen, daß der Dampf im Auspuff nicht mehr überhitzt sein würde, sondern ich war überzeugt, daß, wie bei der Berechnung im Kapitel 18 vorausgesetzt war, die Expansion im ganzen genommen, ungefähr einer Adiabate entsprechen müßte. Dann wäre die Stufenzahl und die Dampfgeschwindigkeit für ein Druckgefälle von 5 atm auf ein mäßiges Vakuum von 0,2 atm passend gewesen. Der Fehlschlag konnte in erster Linie nur in der fehlerhaften Form der Radzellen liegen. Dieser Fehler ist aber nach den in den einleitenden Kapiteln auseinandergesetzten Grundsätzen geradezu handgreiflich. Tritt nämlich zwischen der Öffnung der Zellen und dem Boden derselben, wie es ja unbedingt sein muß, eine wesentliche Druckdifferenz auf, so kann die entsprechende treibende Resultierende $R_d$ bei der ausgeführten und in der Fig. 19 dargestellten Anordnung im wesentlichen nur radial gerichtet sein und kommt also als nützlicher Arbeitsdruck gar nicht zur Wirkung. Es kann also auch eine dieser Druckarbeit entsprechende Wärmemenge nicht umgewandelt werden, und die bei der ungünstigen geknickten Gestalt der Zellenschaufeln unvermeid-

---

[1]) Das Trägheitsmoment des Rades mit Riemenscheibe ermittelte ich durch Rechnung aus den Abmessungen des Rades und der Scheibe zu etwa 3 cmkg/sec², während Versuche 2,62 cmkg/sec² ergaben. Der Versuch bestand darin, daß auf die Welle eine Schnur aufgewickelt wurde und an dieselbe ein konstantes Gewicht angehängt, dessen Fallzeit und Fallhöhe gemessen, während die erreichte Drehzahl des Laufzeugs mit dem Tachometer beobachtet wurde. Auch das Reibungsmoment wurde auf solche Weise ermittelt.

Die Turbine brauchte bei einem Auslaufversuch 14,8 Sekunden, um von 8000 auf 6000 Umdrehungen herunterzukommen. Hiernach berechnet sich ein Reibungsmoment $P \cdot R = 0,375$ mkg, und bei 8000 Umdrehungen, entsprechend einer Winkelgeschwindigkeit 840, ein Reibungsaufwand von

$$\frac{0,375 \cdot 850}{75} = 4,2 \text{ PS.}$$

Die Berechnung des Reibungsmomentes folgt aus

$$\frac{\theta\,(\omega_1^2 - \omega_2^2)}{2} = P \cdot R \cdot 2\pi \cdot \frac{7000}{60} \cdot t$$

oder

$$0,0262 \cdot \frac{840^2 - 628^2}{2} = P \cdot R \cdot 2 \cdot 3,14 \cdot 14,8 \cdot 117,$$

woraus

$$P \cdot R = \frac{4060}{10830} = 0,375 \text{ m/kg.}$$

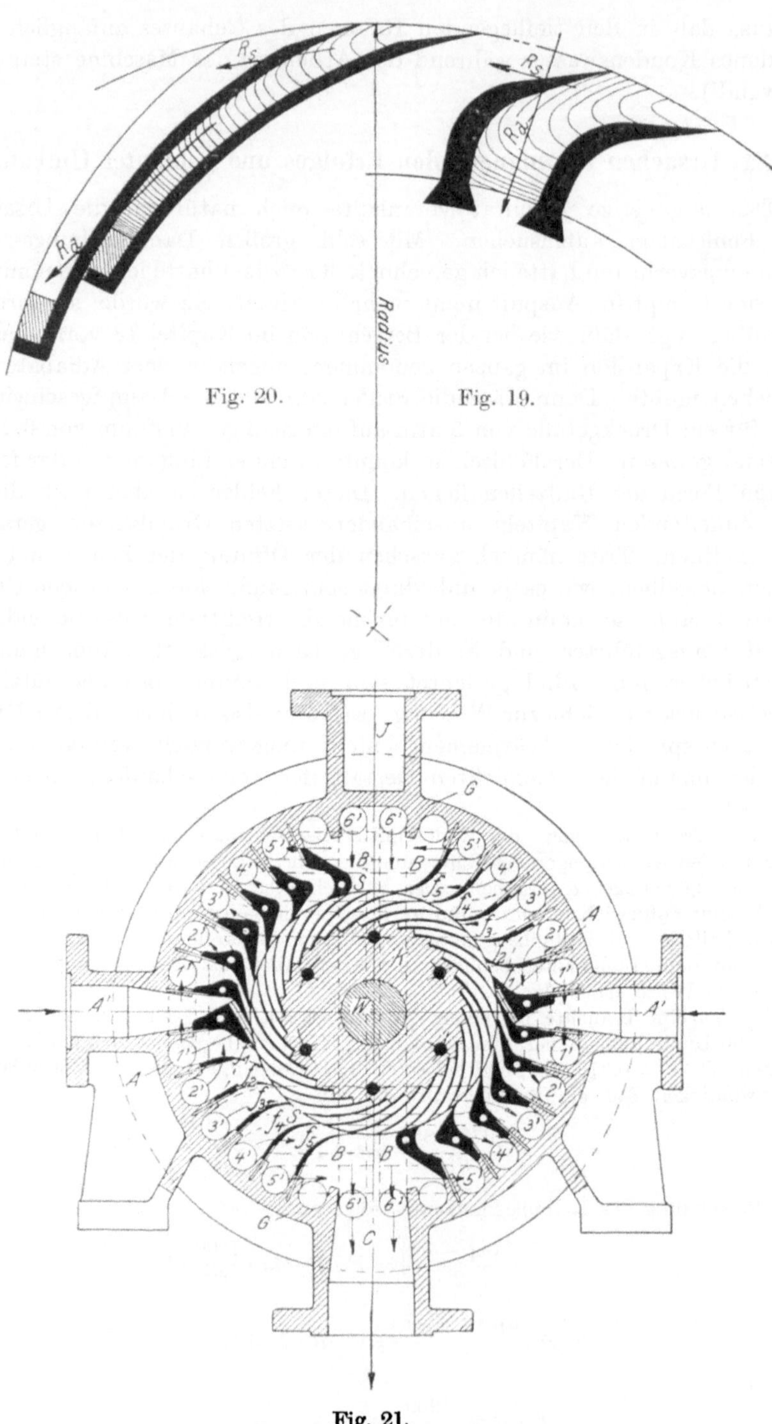

Fig. 20.                    Fig. 19.

Fig. 21.

lichen Wirbel und Stauverluste mußten noch beitragen, die geringe doch vorhandene Druckwirkung vollständig aufzuheben. Wie in Kapitel 16 und 17 ausgeführt, müssen die Schaufeln, welche die Radzellen bilden, logarithmische Spiralen oder Spiralen höherer Ordnung sein und der Boden der Zelle muß normal zu denselben liegen, wie in Fig. 20 gezeichnet, damit der treibende Gasdruck $R_d$ voll zur Wirkung kommt. Es sollte daher das Laufrad, wie die Fig. 21 zeigt, mit einer neuen Beschaufelung versehen werden, und auch die Düsenstöcke und Leitfangschaufeln sollten, wie in Fig. 21 dargestellt, günstigere Formen erhalten. Insbesondere hatte ich die Absicht die erste Düse ähnlich wie eine Lavaldüse zu gestalten, also den engsten Querschnitt rund auszuführen und ihn dann allmählich in den Rechtecksquerschnitt überzuführen. Die Maschine war zu diesem Zweck gerade auseinandergenommen, als die Franzosen die Ingenieurschule beschlagnahmten.

## 22. Beschreibung einer Maschine mit innerhalb des Laufradkranzes liegendem Leitapparat.

Wenn die beschriebene Versuchsmaschine nach dem zuletzt erläuterten Umbauprojekt nicht die gewünschten Resultate geliefert haben würde, so beabsichtigte ich die Versuche mit einem Zellenrad, mit Einströmung am inneren Umfang, weiterzuführen. Die Anordnung entspricht dann im wesentlichen der Erläuterung in Kapitel 3 und den Fig. 3 und 4. Diese Anordnung muß, wie aus den Ausführungen in Kapitel 17 und 18 hervorgeht, die günstigsten Wirkungsgrade liefern. Um die vorhandenen Modelle zu benützen, und um möglichst viele fertige Teile wieder zu verwenden, ist das Gehäuse mit den Zudampfstutzen $AA$, dem Blindstutzen $J$ und dem Abdampfstutzen $C$ ungefähr in seiner ursprünglichen Gestalt erhalten. Von den Zudampfstutzen, deren Mittel etwas rechts von Gehäusemittel im Schnitt längs der Achse (Fig. 22a, Tafel I) liegt, führen zwei, nicht gezeichnete, Rohrkrümmer mit entsprechenden Verschraubungen von der rechten Seite zum Leitapparat und zu den Düsen $A'$, $A'$. Die Radzellen sind am äußeren Umfang durch einen nach rechts überragenden Kranz des Laufrades $R$ geschlossen. Die Schaufeln, welche die Zellenräume trennen, werden auf der linken Seite (Fig. 22b, Tafel I) durch schwalbenschwanzförmige Ansätze in einer ringförmigen ebensolchen Aussparung unter Zwischenlage von flachen Paßstücken in richtigem Abstand festgehalten, während der Abschluß des Zellenringes auf der rechten Seite durch einen kräftigen aufgenieteten Blechring $b$ erfolgt.

Nachdem der Dampf durch die Düsen $A'$, $A'$ in das Rad eingetreten ist, strömt er bei der weiteren Rotation der gerade gefüllten Zellen in die Leitkanäle $4'$, $3'$, $2'$, $1'$ zurück, so daß der zurückgeführte Dampf die Zellen in den Stellungen $1, 2, 3, 4, 5$ vorfüllt. Der Abdampf sammelt sich in den beiden Abdampfräumen $BB$, welche im Leitapparat ausgespart sind und tritt durch die Öffnung $C'$ desselben nach rechts (Fig. 22b) in den das ganze

Rad umgebenden und das Innere des Gehäuses erfüllenden Abdampfraum. Die Verhältnisse liegen also für das Laufrad durch die verminderte Dampfreibung an den glatten Radflächen besonders günstig. Den Stoffbüchsen muß natürlich, weil das ganze Gehäuseinnere mit Unterdruck erfüllt ist, Sperrdampf zugeführt werden. Bildet sich, wie es ja erwünscht ist, in den Radzellen durch Dampfkondensation Flüssigkeit, so wird dieselbe im laufenden Rad durch Zentrifugalwirkung an das Radkranzinnere gedrängt, so daß sich die umlaufenden Zellen mit Wasser füllen würden. Die Maschine müßte also nach einiger Zeit zum Stillstand kommen. Dagegen hilft nun eine außerordentlich einfache Vorkehrung. Man bohrt durch den Kranz radial nach außen, und zwar zweckmäßigerweise gegen den Drehsinn rückwärts gerichtet, in jede Zelle feine Löcher durch welche das Wasser, sogar unter Arbeitsleistung, abgeschleudert wird. Dampfverluste sind dabei nicht zu befürchten, weil diese Bohrungen nur außerordentlich klein zu sein brauchen, so daß der Verlust, falls wirklich Dampf ausströmt, wegen dessen großem spezifischen Volumen ganz unbedeutend ist. Überdies kann man, wenn einmal Erfahrungen im Bau solcher Maschinen vorliegen, die Öffnungen richtig bemessen, so daß gerade für die Normalleistung der Maschine nur das Kondensat, aber kein Dampf in den Abdampfraum ausfließt.

Der Leitapparat, welcher mit dem rechten Gehäusedeckel verschraubt ist, muß, wie die eine gezeichnete Schraube Fig. 22b andeuten soll, in der Achsenrichtung fein einstellbar sein, damit das Rad auf geringen seitlichen Dampfverlust und freies axiales Spiel orientiert werden kann.

## 23. Anwendung des Verfahrens der stetigen Füllung und Entleerung einseitig offener, bewegter Zellen zur Ausführung von Verbrennungsturbinen.

Wie schon in den einleitenden Kapiteln erwähnt, läßt sich eine einseitig offene Hülse durch eine in ihrem Innern zur Entladung gebrachte Sprengladung in ihrer Bewegungsrichtung beschleunigen. Es liegt also der Gedanke nahe, das schon bei der beschriebenen Dampfturbine angewendete Verfahren der stetigen Füllung und Entleerung kreisender Radzellen zum Betrieb von Gasturbinen zu verwenden. Während eines Radumlaufs müssen dann die Zellen, deren radiale Wände zum Radumfang geneigt zu denken sind, allmählich mit Luft und Gas oder anderem brennbaren Gemisch bei wachsendem Innendruck gefüllt, hierauf gezündet und bei allmählich abnehmendem Außendruck wieder entleert werden. Die Füllung und Entleerung der Zellen ist natürlich ein Ausgleichsvorgang, weil die Verdichtung und Verdünnung des Zelleninhalts eine vom Ort und von der Zeit abhängige Funktion ist.

Denkt man sich ein, auf der der Bewegungsrichtung abgewendeten Seite, offenes Gefäß (etwa eine Geschoßhülse) mit einer gegebenen Geschwindigkeit $u$ durch den Raum bewegt, während die aus brennbaren

Gasen bestehende Ladung entflammt wird, so bewirkt die Verbrennungswärme dreierlei:

a) Die Ladung wird erhitzt, wobei gleichzeitig der Druck steigt;

b) durch diese Drucksteigerung wird ein Teil der Ladung unter Arbeitsabgabe an dieses Gefäß nach rückwärts herausgeschleudert. Dieser Teil der Ladung verliert seine vorhandene lebendige Kraft in der Bewegungsrichtung und nimmt eine solche in der entgegengesetzten Richtung an;

c) die Dehnung der Ladung im Innern des Gefäßes erfordert einen Energiebetrag, der um so größer ist, je größer der vorhandene Innendruck ist.

Auch dieser Dehnung entspricht eine Arbeitsübertragung an das Gefäß, wenn zwischen dem Gefäßinnern und der Umgebung während der Entflammung eine Druckdifferenz besteht.

Sieht man nun von der unbestreitbaren Tatsache ab, daß eine solche Entladung einen Ausgleichvorgang darstellt und denkt man sich den Vorgang nur während eines so kurzen Zeitelements $dt$ verfolgt, daß die Druckänderung einzelner Schichten vernachlässigt werden kann, so gilt nach dem Energieprinzip folgender Ansatz:

$$(1) \qquad \frac{dQ}{dt} = c_v \frac{dT}{dt} + A \frac{d\left(\frac{u^2}{2g}\right)}{dt} + A p \frac{dv}{dt}.$$

Dabei bedeutet $\dfrac{dQ}{dt}$ den im Augenblick durch die Verbrennung frei werdenden Wärmefluß, $c_v \dfrac{dT}{dt}$ die Erwärmung einer Gasschicht von der Gewichtseinheit in der Zeiteinheit (eine mittlere ideale spez. Wärme des Gemisches vorausgesetzt), $A \dfrac{d\frac{u^2}{2g}}{dt}$ die Änderung der Bewegungsenergie von 1 kg und $A p \dfrac{dv}{dt}$ den Arbeitsaufwand der Dehnung; die letzten beiden Beträge in cal/sec gemessen mit $A$ als mechanisches Warmäquivalent.

Die Frage, wieviel von der Dehnungsarbeit sich auf das bewegte Gefäß übertragen läßt, kann zunächst nur ungefähr beantwortet werden. Bewegt sich das Gefäß, wie ein Geschoß z. B. durch atmosphärische Luft, so findet die bekannte Verdichtung vor dem Kopf des Geschosses statt, die fortwährend Arbeit verbraucht. Dieser Vorgang soll bei dieser Betrachtung als sekundär außer Betracht bleiben. Wesentlich wird der Beitrag der Dehnungsarbeit zur Beschleunigung des Gefäßes dann, wenn der Druck im Gefäß während der Entflammung größer ist als der Außendruck oder wenn im Gefäß zwischen dem Boden und der Ausströmungsöffnung eine Druckdifferenz besteht. Erreicht die ausfließende Gasmasse die Schallgeschwindigkeit, dann ist sicher ein beträchtliche Druckdifferenz

an der Mündung vorhanden und dann wird auch ein größerer Betrag
der Dehnungsarbeit nutzbar. In einer Zellenturbine hat man es aber
in der Hand, schon vor der Entflammung der Ladung einen hohen Innendruck während der Füllung der Zellen herzustellen, so daß dann dieser
Betrag der Energieumsetzung besonders groß ausfällt.

Schreibt man Gleichung (1) in der Form

$$(2) \qquad c_v \frac{dT}{dt} = \frac{dQ}{dt} - A \frac{d\frac{u^2}{2g}}{dt} - A \cdot p \frac{dv}{dt},$$

so erkennt man, daß die Energiewandlung von Wärme in mechanische
Energie um so vollständiger erfolgt, je mehr mechanische Energie während
der Entflammung selbst gewonnen wird, weil dann die Erwärmung der
Ladung trotz der eingeleiteten Verbrennung um so geringer bleibt, je größer
die Subtrahenten der rechten Seite sind, d. h. je höher die Ladung vor der
Zündung kompromiert war und je größer die Änderung der lebendigen
Kraft der Ladung im ganzen ist, je rascher sich also die Zelle vor der
Entflammung bewegte.

Die während der Entflammung bereits gewonnene Energie unterliegt
nicht dem Entropiegesetz, weil sich dieses nur auf die Umsetzung vorhandener Wärmemengen bezieht. Eine Gasturbine ist demnach um so voll-
kommener, je mehr mechanische Energie im Moment der Entzündung
der Ladung gewonnen wird, je rascher sich die Zelle, deren Inhalt entflammt wird, bewegt und je mehr die Ladung vor der Verbrennung komprimiert war.

## 24. Einfluß der Zündgeschwindigkeit auf die Leistung. Herstellung einer zündfähigen Ladung.

Wenn Gasgemisch in umlaufende Radzellen während einer Umdrehung
des Rades eingefüllt, dann in denselben komprimiert und schließlich
wieder aus denselben ausgestoßen werden soll, so ist klar, daß der Zeit-
raum, welcher für die Verbrennung des Gemisches verfügbar ist, nur
sehr klein bemessen sein darf. Macht ein Rad z. B. 3000 Umdrehungen
pro Minute und soll die Zündung und Verbrennung während $^1/_4$ Umdrehung
des Rades vollendet sein, so muß hierzu $^1/_{200}$ Sekunde ausreichen. Daß
solche Verbrennungsgeschwindigkeiten für kleine und vor allem für er-
wärmte und verdichtete Gasmassen möglich sind, ist durch Versuche
längst erwiesen. Zu beachten sind hier besonders die einschlägigen Untersuchungen von Prof. Nusselt in Dresden. Überdies habe ich selbst
derartige Versuche mit dem kreisenden Zellenrad angestellt.

Eine einfache theoretische Betrachtung rückt aber den Einfluß der
Verbrennungsgeschwindigkeit auf die Leistung einer Gasturbine in ein
besonders helles Licht. Gelänge es nämlich, die Verbrennung so zu führen,
daß die entgegen der Bewegungsrichtung aus dem Gefäß auspuffenden
Schichten ihre ursprüngliche Translationsgeschwindigkeit eben verlören,

so würde die zeitliche Abnahme des Gewichts des Zelleninhalts gleich der pro Sekunde ausströmenden Gewichtsmenge sein.

Dabei ist noch vorausgesetzt, daß sich der ganze Inhalt der Zelle gleichmäßig dehnt, und daß der Druck während des betrachteten unendlich kleinen Zeitmoments trotz der Verbrennung konstant bliebe. Bedeutet sonach $V$ das Volumen der bewegten Brennkammer, $\gamma$ das spezifische Gewicht des Inhalts, so ist $-V\dfrac{d\gamma}{dt}$ die Abnahme des Gewichtsinhalts in der Zeiteinheit. Ist ferner $F$ der Austrittsquerschnitt, $u$ die vorhandene Geschwindigkeit, welche gerade verlorengehen soll, so ist das pro Sekunde ausgetretene Quantum $F \cdot u \cdot \gamma$. Es muß also die Beziehung gelten:

$$(1) \qquad F \cdot u \cdot \gamma = -V\frac{d\gamma}{dt},$$

weil die ausgeflossene Menge gleich der Abnahme des Zelleninhalts sein muß.

Aus Gleichung (9) des letzten Kapitels folgt für $G$ kg

$$(2) \qquad G c_v \frac{dT}{dt} = G \cdot \frac{dQ}{dt} - A\frac{d\left(\dfrac{G}{g}\dfrac{u^2}{2}\right)}{dt} - A \cdot G \cdot p \cdot \frac{dv}{dt}.$$

Diese Gleichung besteht unter der Voraussetzung, daß die Beträge $A\dfrac{d\left(\dfrac{G}{g}\dfrac{u^2}{2}\right)}{dt}$ und $AGp\dfrac{dv}{dt}$ positive aus der Wärme gewonnene Energiemengen darstellen. Besaß aber die Gasmasse die Geschwindigkeit $u$ mit der bewegten Zelle, so tritt die Energiewandlung ein, indem die vorhandene lebendige Kraft $G\dfrac{u^2}{2g}$ verloren geht. Die Größe $A\dfrac{d\left(\dfrac{G}{g}\dfrac{u^2}{2}\right)}{dt}$ ist also negativ. Beachtet man dies und setzt für $G = V \cdot \gamma$, wonach also $G$ das Gewicht des Zelleninhalts bedeutet, so folgt auch

$$(3) \qquad G c_v \frac{dT}{dt} = G \cdot \frac{dQ}{dt} + A\frac{u^2}{2g} V \cdot \frac{d\gamma}{dt} - AGp\frac{dv}{dt}.$$

Beachtet man noch, daß $v = \dfrac{1}{\gamma}$ und sonach $\dfrac{dv}{dt} = -\dfrac{d\gamma}{dt} \cdot \dfrac{1}{\gamma^2}$ und setzt ferner hier $V\dfrac{d\gamma}{dt} = -Fu \cdot \gamma$, so läßt sich die Hauptgleichung auch wie folgt schreiben:

$$(4) \qquad G c_v \frac{dT}{dt} = G \cdot \frac{dQ}{dt} - A\frac{u^3}{2g} F \cdot \gamma - A \cdot F \cdot u\, p.$$

Nimmt man nun an, daß die Verbrennung gerade so geführt wird, daß trotz der Wärmezufuhr keine Temperaturerhöhung zustande kommt, so muß $G c_v \dfrac{dT}{dt} = 0$ sein, und es bleibt für den umzusetzenden Wärmefluß

$$G\frac{dQ}{dt} = A\,Fu\left(\frac{u^2}{2g}\cdot\gamma + p\right),$$ d. h. der umsetzbare Wärmefluß wächst mit der Zellengeschwindigkeit, mit der Größe der Ausflußöffnung, mit der Dichte und mit dem Druck des Zelleninhalts.

Wäre der Druck der Ladung im Moment der Zündung $p = 25$ kg/qcm, das spez. Gewicht derselben $\gamma = 11,24$ kg/cbm, wobei der Einfachheit halber angenommen ist, daß die Ladung aus Luft allein besteht, so würde bei einem Auspuffquerschnitt $F = 10$ qcm und bei einer Ausflußgeschwindigkeit $u = 100$ m/sec, die auch die Bewegungsgeschwindigkeit des Gefäßes sein soll, ein Effekt:

$$F\cdot u\left(\frac{u^2}{2g}\cdot\gamma + p\right) = 10\cdot 100\left(\frac{100^2}{2\cdot 9{,}81}\cdot\frac{11{,}24}{10000} + 25\right) = 1000\,(0{,}572 + 25)$$
$$= 25\,572 \text{ mkg/sec verfügbar.}$$

Hierzu würden $\dfrac{25\,572}{427} \sim 60$ cal/sec verbraucht.

Dabei ist ganz besonders zu beachten, daß es allein auf die Zündgeschwindigkeit der Ladung (auf ihre Brisanz) ankommt, denn es kann derselbe Wert auch mit 1 Kalorie erzeugt werden, wenn sie in nur $^1/_{60}$ Sekunde durch Verbrennung geliefert wird.

Diese Betrachtung hat gleichzeitig dazu gedient, recht augenfällig zu zeigen, daß bei Verbrennungsturbinen, ähnlich wie in der Elektrotechnik, besser mit dem Effekt in cal/sec, also mit dem umgesetzten Wärmefluß und nicht mit der Arbeit gerechnet wird.

Leider ist jedoch für solche Rechnungen das notwendige Zahlenmaterial noch nicht vorhanden. Wenn auf die Zeit bezogene Größen, insbesondere auch für die Dehnung, Druckänderung und Erwärmung bekannt sein werden, kann es auch niemand mehr einfallen, mit Entropiewerten zu rechnen, weil sich dieser Begriff seiner Entstehung nach nur auf Gleichgewichtsvorgänge bezieht. Eine Verpuffung ist aber ein dynamischer Vorgang.

Die Füllung der rotierenden Brennkammern kann nun in der Weise erfolgen, daß die Zellen, deren Wände selbst zum Radumfang geneigt sind, durch ebenfalls zu letzterem unter kleinerem Winkel geneigte Düsen beaufschlagt werden. Durch diese Düsen würde den Zellen zuerst Gas und Luft zugeführt und der Druck in den Zellen dann erhöht, indem man auch den Druck in den Fülldüsen am Radumfang der Lage entsprechend, steigerte. Dabei wäre es zwecklos, die Zellen bis zum höchsten Druck vor der Zündung mit brennbarem Gemisch zu füllen, da es sonst nicht zu vermeiden wäre, daß noch chemische Energie mitführende Mengen mit Beginn der Verbrennung aus den Zellen herausgeschleudert würden. Jedes Nachbrennen außerhalb würde aber große Energieverluste zur Folge haben. Es ist daher richtiger, die bewegten Zellen nur teilweise mit brennbarer Ladung zu füllen, den übrigen Raum aber mit verbranntem Gemisch höheren Drucks oder mit Druckluft. Tritt dann die Zündung

am Boden der Zelle ein, so werden zunächst nur inaktive Gasmengen
aus der bewegten Zelle herausgeschleudert, während das brennbare Füll-
quantum so bestimmt werden kann, daß die vollständige Verbrennung
der Ladung erreicht ist, bis das verbrannte Gemisch den ganzen Zelleninhalt
erfüllt. Diese richtige Schichtung der Ladung kann z. B. dadurch erreicht
werden, daß die Zelle die Rotationsbewegung so ausführt, daß der Zellen-
boden auf dem größten Bewegungskreis liegt

Diesen Grundlagen entsprechend ist die im folgenden Kapitel beschriebene Ausführungsform entworfen.

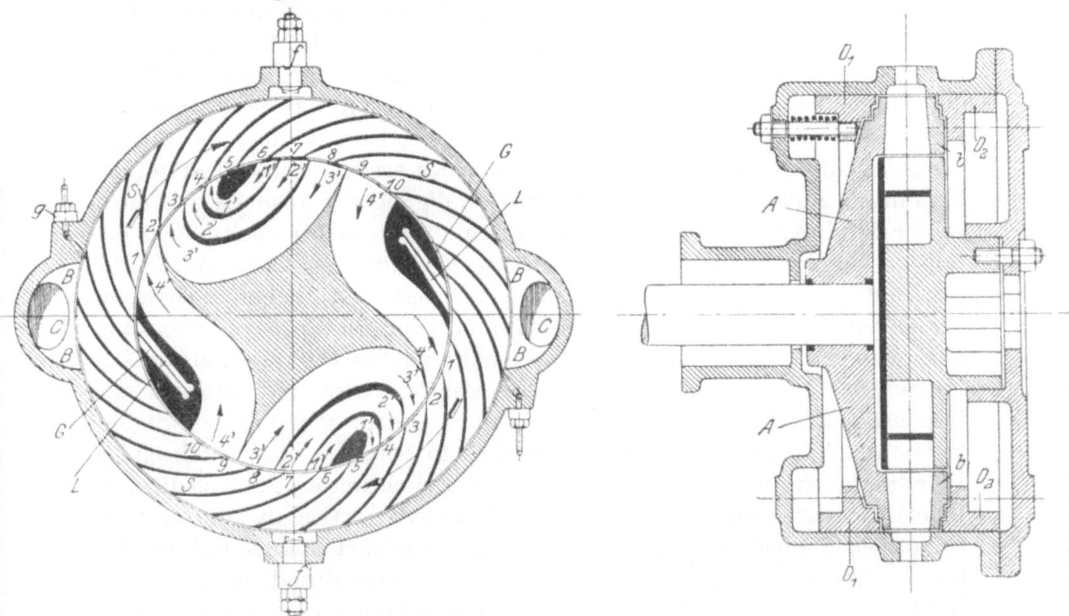

Fig. 23a.                                                    Fig. 23b.

## 25. Beschreibung der Gasturbine, wie sie in der Patentschrift 280083 niedergelegt ist.

Die Fig. 23a und 23b zeigen eine Ausführungsform der Gasturbine
in einem Schnitt längs und quer zur Drehachse. Sie besteht aus einem
Laufrad $A$, das wie in Fig. 23b zu erkennen, fliegend auf der Welle sitzt.
Das Rad enthält Schaufeln $S$, $S$ (Fig. 23a), welche mit ihrer linken Seite
im Kranz des Laufrades befestigt sind während sie rechts einen gemein
samen Deckring $bb$ tragen, so daß sie wie bei einem Turbogebläse ge-
krümmte Kanäle bilden. Die eigentliche Beaufschlagung der Turbine
erfolgt am inneren Umfang. Die Abnahme des Auspuffs geschieht durch
zwei Diffusorräume $B$, $B$ (Fig. 23a), an welche Auspuffrohrleitungen $C$, $C$
angeschlossen werden können. Durch die düsenförmigen Kanäle $G$, $L$ wird
Gas und Luft oder auch nur Luft in die Zellen des Laufrads eingeführt.
Soll flüssiger Brennstoff verwendet werden, so kann derselbe durch eine

feine Düse $g$ unter Druck zugeführt werden. Diese Düse kann außerordentlich einfach sein, weil die Brennstoffzufuhr kontinuierlich in feinem Strahl zu erfolgen hat. Die Zündung des gebildeten Gemisches wird durch Zündkerzen $f$ erst in einer späteren Stellung der Laufradzellen vorgenommen. Bis zu dieser Stellung hin wird nämlich das in die Zelle gefüllte Gemisch bzw. die Luft durch die Abgase vorkomprimiert, indem letztere nach innen aus dem Laufrad austreten und die ruhenden Leitkanäle $1'$, $2'$, $3'$, $4'$ durchströmen, und so vermöge ihres Überdrucks den Inhalt der Zellen in den Stellungen $1$, $2$, $3$, $4$, $5$ zurückdrängen und verdichten. Die Kompression der Luft oder des Gemisches wird durch die Zentrifugalwirkung des laufenden Rades noch unterstützt. Da die Abgase in einen Diffusorraum übertreten und beim Austritt der Zentrifugalwirkung unterliegen, so kann die Turbine auch mit Vakuum arbeiten. Das Laufrad wird trotzdem zweckmäßig mit einem Ventilator zusammengebaut, so daß die Zufuhr der Frischluft durch die Kanäle $L$ unter Druck erfolgt. Selbstverständlich beginnt die Füllung mit Frischluft vor Beendigung des Auspuffs, wie auch in der Zeichnung angedeutet. Der Abschluß der Zellen nach außen geschieht lediglich durch eine zylindrische feststehende Wand, in welche nur die Zündkerze und allenfalls die Öldüse hereinragt. Natürlich muß zwischen Wand und Laufrad ein kleiner Zwischenraum sein. Eine sorgsame Dichtung aber wird dabei nicht notwendig, weil während der Kompression die Bewegung des Rades gegen den höheren Druck erfolgt und während der Expansion die im Drehsinn erfolgende Strömung keine großen Geschwindigkeiten annehmen kann. Nach den Seiten hin wird das Rad durch einige zylindrische Staffeln (mit eingesetzten Metalldichtungsstreifen) gedichtet, welche einerseits auf dem Laufrad und in negativer Gestalt auf den zwei ringförmigen Dichtungskörpern $D_1$ und $D_2$ angeordnet sind, so daß bei der hohen Drehgeschwindigkeit eine hinreichende Labyrinthdichtung hergestellt ist. Diese beiden Ringe können durch Schrauben auf ein minimales Spiel gegen das Laufrad eingestellt werden. Federn zwischen den Gehäusedeckeln und diesen Dichtungsringen können als Sicherungen bei anormalen Explosionen, welche auf dem Versuchszustand oder beim Anlassen der Maschine auftreten, dienen. Der Leitapparat ist rechts (Fig. 23b) nachstellbar mit dem rechten Gehäusedeckel verschraubt. Die Leitkanäle können aus Stahlblechstreifen gebildet und in den Hauptkörpern des Leitapparats autogen eingeschweißt werden.

Die Turbine sei, um zunächst den Anlaufprozeß möglichst einfach zu schildern, beispielsweise mit einer Dynamo direkt gekuppelt. Zum Anlauf möge diese als Motor arbeiten und somit dem Laufrad $A$ eine hohe Drehzahl verleihen. Durch die Düsen $L$ und $G$ strömt dann Frischluft und Gas bzw. von außen her durch die Düse $g$ flüssiger Brennstoff in die Laufradzellen. Dieses Gasgemisch wird in den Stellungen $1$, $2$, $3$, $4$ durch Zentrifugalwirkung wie in einem Gebläse verdichtet. Hierauf erfolgt in der Stellung $5$ durch $F$ die Zündung und dabei eine Drucksteigerung, die erfahrungsgemäß das fünffache und mehr des Druckes vor der Zündung

beträgt. Es wird also in den nun folgenden Stellungen *7, 8, 9, 10* das verbrannte Gemisch mit großem Überdruck in die Leitkanäle *1', 2', 3', 4'*
zurückströmen, so daß in *1'* der höchste Druck in *2', 3', 4'* abnehmende
Drücke vorhanden sein werden. Dabei wird, wenn die Schaufelwände
am inneren Umfang des Rades nach rückwärts gerichtet sind, eine Arbeitsabgabe an das Laufrad durch Reaktion stattfinden. Die Leitkanäle *4',
3', 2', 1'* finden aber auf der anderen Seite des Rades die Zellen in den
Stellungen *1, 2, 3, 4*. In diesen herrscht aber ein weit geringerer Druck
(vor allem am inneren Umfang), so daß bei entsprechender Krümmung
der Leitkanäle an diesen Stellen neuerdings Arbeit an das Laufrad durch
Aktion abgegeben wird, während der Zelleninhalt gleichzeitig durch die
mit höherem Druck eintretenden Abgase zurückgedrängt und verdichtet
wird. Dabei wird also das, durch $G$ eingetretene Gas, welches sich durch
die Luftdüse $L$ mit Luft gemischt hat, gegen den Radumfang gedrängt
und verdichtet, so daß es sich später bei $f$ um so leichter zünden läßt.
Eine zu starke Mischung der austretenden Abgase mit dem frischen Gemisch wird sich durch entsprechende enge und zweckmäßig gestaltete
Zellen vermeiden lassen. Da aber jetzt das Gemisch durch die Vorkompres-
sion mit noch höherem Druck vor der nächsten Zündstelle anlangt, so
wird auch der Explosionsdruck ein höherer und somit die Arbeitsabgabe
noch größer als beim Anlauf. Damit nun der Prozeß dauernd unterhalten
werden kann, müssen die Zellen natürlich auch vollständig von Abgasen
entleert werden, was geschieht, indem sie nach einander vor den Diffusorraum $B, B$ treten, wo sie sich nach außen entleeren, während schon von
$G$ und $L$ aus von innen her die Füllung mit frischem Gemisch erfolgt.
Wenn die Maschine also im Dauerbetrieb ist, so erfolgt die Kompression
des Gemisches hauptsächlich durch den Überdruck der Abgase, so daß
die Turbine selbst nur im geringen Maße als Gebläse arbeitet. Sie liefert
dann nur positive Arbeitsleistung, so daß der gedachte Antriebsmotor
dann als Generator arbeiten kann. Wesentlich ist, bei der Betrachtung
des Arbeitsvorgangs, daß der Prozeß in einem Rad wenigstens zweimal
gleichzeitig ausgeführt wird. Kommen also die Zellen nach der Zündung
im oberen Teil des Rades vor den Diffusor, und die Gas- und Luftdüsen
rechts, so wird ihr Inhalt in den Stellungen des unteren Radteils von
den Abgasen des oben gezündeten Gemisches verdichtet. Ist dann das
verdichtete Gemisch auf der unteren Seite des Rades bei $f$ gezündet, so
verdichten seine Abgase das auf der linken Seite eingetretene Gemisch.

Wird flüssiger Brennstoff durch die Düsen $g$ radial eingeblasen, so hat
man ohne weiteres einen vorzüglich ausgebildeten Vergaser. Da nämlich
der eintretende Brennstoff bei den vorübereilenden Zellen immer andere
Punkte der stark erhitzten Schaufelwand trifft, während gleichzeitig
die Zellenfüllung längs der Schaufelwand durch das einströmende und
verdichtend wirkende Medium zurückgedrängt wird, so findet eine Ver-
dampfung unter starker Wirbelbildung statt, so daß die Ladung sicher in
außerordentlich kurzer Zeit zündfähig sein wird.

Bei Versuchen zur Ausbildung der beschriebenen Maschine und auch zum Anlassen von solchen Maschinen ohne Elektromotor wird es sich empfehlen, oben und unten im Drehsinn etwas vor der mit der Zündkerze in Verbindung stehenden Radzellen durch eine weitere nicht gezeichnete Düse (etwa nach dem Leitkanal $l'$) Druckluft von 10—12 atm zuzuführen. Mit dieser Druckluft läßt sich die Maschine bei Leerlauf auf eine genügend hohe Drehzahl bringen und die Brennstoffzufuhr und die Stellung der Zündkerzen dann so lange regeln, bis günstige Betriebsverhältnisse gefunden sind und die Maschine ordnungsgemäß arbeitet.

Gelingt es dabei, die Drehzahl und die Druckverteilung in der Maschine so einzustellen, daß die Verbrennung und Ausdehnung der Ladung bis zum vollen Inhalt der Zellen gerade dann vollendet ist, wenn diese vor die Diffusorräume der Auspuffleitung treten, so wird in die Leitkanäle tatsächlich immer nur die Druckluft zurücktreten, welche ebenso fortwährend aus ihnen entnommen wird, d. h. die Druckluft führt in den Radzellen eigentlich nur Schwingungen aus und es kommen überhaupt keine heißen Abgase in die Leitkanäle. Der Inhalt der Leitkanäle und diese selbst bleiben somit sicher genügend kühl. Der Druckluftverbrauch durch Undichtheiten und vor allem durch die Spaltverluste muß natürlich von einem Windkessel aus ersetzt werden.

Man kann das Laufrad auch am äußeren Umfang geschlossen ausführen und die Abgase ebenfalls am inneren Umfang abnehmen. Das Laufrad kann dann am äußeren Umfang räumlich gut ausgebildete Brennkammern enthalten. Die vollständige Entleerung der Zellen kann bei dieser Ausführung durch die von innen zugeführte Frischluft erfolgen, welche mit Hilfe von Zwischenschaufeln das verbrannte Gemisch aus den eigentlichen Brennkammern ausbläst.

Es ist außer Zweifel, daß die betriebssichere Ausbildung einer derartigen Maschine große Anforderungen an die Konstrukteure und zunächst bedeutende Schwierigkeiten in der Herstellung machen wird. Der Erfolg wird aber ein durchschlagender sein, weil die Maschine ohne Ventile einen idealen Arbeitsprozeß durchzuführen gestattet, der die höchste Ausnutzung des Brennstoffes zuläßt, die überhaupt denkbar ist.

## 26. Versuche.

Da man die Ausführbarkeit der beschriebenen Maschine bezweifelte, so war ich bestrebt, die Richtigkeit meiner Idee durch den Versuch zu beweisen. Leider konnte ich in Shanghai aus den in Kapitel 19 erwähnten Gründen kein Rad mit innerer Beaufschlagung ausführen, sondern mußte mich mit dem dort beschriebenen und in Fig. 17 dargestellten Zellenrad begnügen. Ich ließ, um die Entflammungsmöglichkeit rotierender und mit Leuchtgasgemisch gefüllter Zellen zu beweisen, das Gehäuse vollständig abnehmen und das Rad frei in seinen Lagern laufen. Zur Beaufschlagung wurde eine Doppeldüse angefertigt, die gestattete unter einem Winkel von etwa 25° Gas und Luft nacheinander in stetigem Strom zuzuführen. Dabei konnte die Gas- und die Luftleitung miteinander gewechselt werden. Es zeigte sich bei dem am äußeren Umfang beaufschlagten Rad kein wesentlicher Unterschied, ob zuerst Gas und dann Luft oder umgekehrt zugeführt wurde. Dies beweist, daß die Bildung eines zündfähigen Gemisches außerordentlich rasch erfolgt. Die Zündung erfolgte durch eine gewöhnliche Hochspannungszündkerze, welche in eine nur etwa 2 ccm fassende kleine feststehende Brennkammer hineinragte. Letztere war durch einen Gußlappen gebildet, der mit den Düsen ein Stück bildete, und das Rad um etwa $1^1/_2$ Zellenteilungen weiter umschloß. An der Zündkerze wurde ein kontinuierlicher Zündfunke durch ein kleines Induktorium unterhalten, zu dessen Hochspannungsseite eine größere Leydnerflasche parallel geschaltet war.

Das Zellenrad wurde mit Hilfe eines Elektromotors durch Riementrieb auf eine entsprechend hohe Drehzahl gebracht. Es lief zwar auch mit Druckluft bei etwa 2 atm vor der Luftdüse an; dann konnte aber kein zündfähiges Gemisch hergestellt werden, weil die verwendete Kapselluftpumpe nur 0,5 atm Überdruck liefern konnte. Es stellte sich nämlich die längst bekannte Tatsache heraus, daß der Zelleninhalt nur dann gut zündfähig war, wenn der Verbrauch an Leuchtgas etwa $^1/_5$ des zugeführten Luftvolumens war.

Hierzu mußte aber die Druckluft vor der Luftdüse zu stark durch den Regulierhahn gedrosselt werden, so daß dann das Rad nicht allein mehr anlaufen konnte.

Ebenso konnte das Zellenrad auch nicht durch eigene Kraftentfaltung im Betrieb gehalten werden, weil offenbar ein zu großes Mißverhältnis zwischen den Wand- und Düsenwinkeln und zwischen den Ausfluß- und Umfangsgeschwindigkeiten bestand. (Eine Kompression der Ladung und eine geführte Entspannung der verbrannten Gase war ja nicht vorhanden!) Es gelang zwar, im Zellenrad aus den Zellen erfolgende gleichmäßig fortlaufend knatternde Explosionen zu erzeugen, dabei war aber die Auspuffgeschwindigkeit, wie man an leuchtenden kleinen Staub- oder Metallteilchen beobachten konnte, so groß, daß sie wie radiale Blitze erschienen[1]).

Wegen dieses Mißverhältnisses zwischen der Auspuff- und Umfangs geschwindigkeit konnte also nur ein minimaler Antrieb an das Laufrad abgegeben werden.

Die höchste durch den elektrischen Antrieb erreichbare Drehzahl war 2700 Umdrehungen pro Minute, so daß die Umfangsgeschwindigkeit bei dem kleinen Raddurchmesser von 0,24 m noch nicht 30 m/sec betrug. Es ist außer jedem Zweifel, daß, wenn man verdichtetes und somit spezifisch viel schwereres Gemisch in den Radzellen zur Entflammung bringt, die Auspuffgeschwindigkeit wesentlich kleiner wird und daß dann bei entsprechend hoher Umfangsgeschwindigkeit eine weitgehende Ausbeutung

---

[1]) Die beigegebene Abbildung (Fig. 24) zeigt eine Aufnahme der Versuchsanordnung mit deutlich erkennbaren Verpuffungen.

der Antriebskraft möglich sein muß. Die Voraussetzung ist hierzu aber
nur, daß das Gemisch unter Druck in die Zellen des Rades gefüllt wird
oder in denselben nach der Füllung weiter komprimiert wird, was sicher
durch verbranntes Gemisch möglich ist, wie es die Patentschrift beschreibt.
Aus der Zahl und Größe der vor den Düsen vorübereilenden Zellen im
Vergleich zum Gasverbrauch war zu ersehen, daß das Volumen des ins
Rad eingetretenen Gemisches etwa so groß war wie der Raum der sämtlichen in der Versuchszeit vorübereilenden Zellen.  Es war also eine wesent-

Fig. 24.

liche Kompression des Gemisches in den Radzellen mit den vorhandenen
Mitteln nicht zu erreichen.

Die verschiedenen Versuchsdaten hier aufzuführen hat keinen Zweck,
da sie nichts weiter Interessantes bieten. Der Gasverbrauch wurde mit
einer gewöhnlichen Gasuhr gemessen. Der Luftverbrauch wurde aus dem
Druckabfall des Windkessels berechnet. Es wurde der Anlaßwindkessel
eines Deutzer Motors benützt, der von einer Anlaßpumpe vor dem Beginn
der Versuche auf 6—7 atm aufgepumpt wurde. Leider konnte ich die
Versuche nicht mit einer größeren Gaspumpe weiterführen, wie geplant
war, da die Ingenieurschule kurz nachher von den Franzosen geschlossen
wurde. Hoffentlich bringt die vorliegende Arbeit eine deutsche Maschinen-
fabrik dazu, die aussichtsreiche Sache mit hinreichenden Mitteln weiter-
zuverfolgen.

Additional material from *Ein neues Prinzip für Dampf- und Gasturbinen*
978-3-662-33629-8, is available at http://extras.springer.com